大展好書　好書大展
品嘗好書　冠群可期

大展好書　好書大展

品嘗好書　冠群可期

休閒娛樂
35

對人有助益的數學

仲田紀夫 著
林庭語 譯

大展出版社有限公司

前 言

很多人都說「數學是沒有用的東西」……

很多中學以上的學生都認為，『數學』是**教科書數學**或**考試數學**等知識範圍的東西，是「沒有用的一科」。

而愛好『數學猜謎』的數學家們，也把數學當成是「打發時間」或「興趣而已」。

認為沒有用的內容如下：

文字式計算、因數分解、方程式、圖形的證明、函數等。

此外，內容也不像其他教科書那麼豐富，相當的貧乏。

- 不像國文或英文，直接對生活有幫助。
- 不像社會或理科，內容本身具有趣味性。
- 不像體育或藝術科系，有助於身心的發展，豐富人生。

只能單純的練習，而且答案只有一個，會覺得自己的數學能力很差，根本無處可逃。

因為「四處碰壁」，所以一般人都很討厭數學。

數學老師通常被視為是奇人、怪人。很多數學老師會說：

「只要努力，這是能夠辦到、能夠了解的一科。」

不過，也有老師會以禪問答的方式回答：

「總之，一定會有幫助，所以不必多考慮太多！」

「想一想，如果數學突然從這個世界上消失，那會變成什麼情況呢？」

「就算忘記了內容，但還是會留下一些『**數學的思考**』。對將來有幫助。」

數學的「社會有用性」？

長久以來，認為「學習數學的有用性」包括**實用**、**訓練**、**邏輯**三點。作者認為其具有精神的意義，因此，又加上了**美**、**哲學**二點。

然而對於這種的說法，大家的態度還是非常漠然。很多人依然認為數學根本就「沒有用」。

本書分析數學的特性，同時將重點擺在利用具體例來提示數學的有用性。

例如，每天的談話或是報紙、電視所提到的關於數學的部分，大致可以分為右邊三項。

有幫助的日常數學

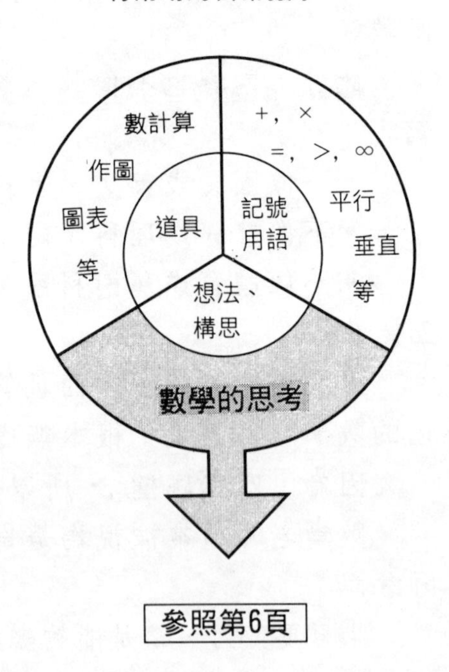

參照第6頁

就算是討厭數學的人，也會承認數學或多或少都具有一些有用性。

同時將焦點放在數學老師經常主張的並沒有自覺到會直接使用的「**數學的思考**」，加以細分則如次頁的表所示。相信很多人都會認為「雖然內容艱澀，但是，在思考事物時都會使用到」。

本書以具體例提示大家無意識、無自覺狀態下所使用的數學。

2001年8月9日開始提筆——正巧是作者的生日——

仲田紀夫

算術、數學有用的時候

日常生活

——與人交談或生活、聽廣播、TV、新聞等的理解程度——

⑴看**數字**、寫數字、使用數字或使用**基本記號**

⑵以九九乘法為基礎的**數的計算**

⑶日常所使用的**計量單位**（度量衡）或簡單的計量測定

⑷**名數**（帶有單位的數）或**金錢計算**

⑸基本圖形的**名稱**或**作圖**與**基本記號**

⑹簡單圖形的**求積**（計算）

⑺新聞程度的**統計**與**圖表**（函數）

⑻運動、氣象預報等的**機率**

⑼收視率、預測選舉等的**抽樣調查**

⑽出現在日常生活中的**應用題解法**

⑾簡單的算術、數學**猜謎**　等

（註）雖然有點邪門歪道，不過最直接的就是**考試**以及**錄用考試用數學**

數學的思考

——有意、無意間所使用的「數學的思考」——

（推理法）	（處理、推進法）		（具體表現法）	
推測	抽象化	擴張	數量化	公式化
有條不紊	理想化	統合	圖形化	法則化
邏輯	一般化	簡潔	記號化	模型化
歸納、類推	特殊化	明確	圖表化	圖示化
演繹	效率化	分類	文氏圖化	（樹形圖
創造		發展	數表化	系統圖
預測、預知				等等）

本書5大重點與章節的構成基礎

探索各種的有用性

「數學的發展」正如以下的概略史所說的，在17世紀與20世紀出現了2次像是要顛覆以往時代數學的大改革（作者將其稱為**反數學時代**），每一次都有更大的發展，有用性也增加了。

歐洲社會在14～15世紀開始抬頭的「追求身心自由的文藝復興時期」，在17世紀開花結果，20世紀則是藉著「超越人類能力的電腦」的開發而有所改革。

以上社會變動所產生的『**社會數學**』（這也是作者命名的），對現代所有範圍而言都是不可或缺的，甚至可以說「沒有數學，社會就無法活動」，可見數學的有用性提高了。

但還是存在著某些問題。

學校數學是以17世紀以前的內容為主，導入『社會數學』的函數、統計、機率之後，處理方面仍然以是畫圖表或是計算為主，所以，一般人才會說「數學沒有用」。

本書則從以下5個觀點，使用具體例加以說明。

在日常、社會生活中，

1. 提示一些數學對生活有幫助的例子（工作或娛樂），讓大家產生**自覺**。

2. 讓大家下**工夫**，積極的使用數學或數學思考。

3. 讓世界上的人(新聞、電視等)**發現**利用數學的例子。

4. 讓大家了解專業領域**應用**數學的例子（資訊）。

5. 推測將來**不可知**的使用發展（片假名數學等）。

以上**意識覺醒**的觀點，是構成本書各章節的基礎。

反數學時代與『社會數學』的誕生

——數學發展概略史——

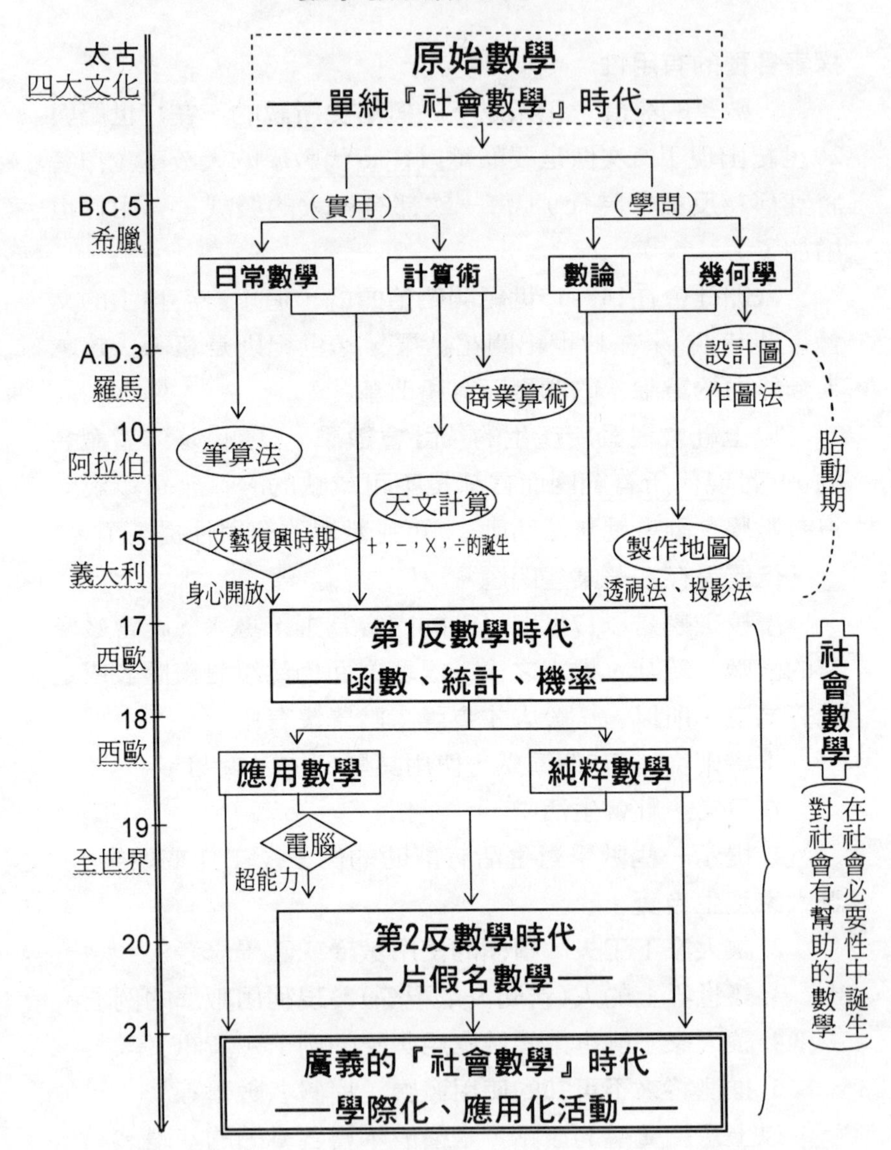

〔參考1〕由紀念日來看「非常在意數字」的社會人

下表是東京杉並區公所所受理的結婚登記件數（1天份）。

「11年11月11日」是幸運數字嗎？
受理結婚登記的件數大爆滿
希望「從1開始出發」

參加結婚喜宴，當來賓致詞（作者）

平成7年7月7日	199件
8年8月8日	214件
9年9月9日	46件
10年10月10日	149件
11年11月11日	167件

平常1天大約11件左右，非常多。

（註）11年時，江戶川區有227件，板橋區有150件，他區也有很多。

上面「成套相同的數字」中，日本人喜歡的「八」（逐漸開展）最多，而「九」（日文發音和苦字相同）最少。由此可知，大家非常在意數字，這的確是非常有趣的現象。

〔參考〕根據報告顯示，日本人為了求得平成11年11月11日11時11分的郵票或車票而大排長龍，德國柏林也出現類似的情況。

此外，大家也非常在意長命的「祝壽」詞。

77歲	**喜壽**	喜的草書	七十七
80歲	**傘壽**	傘的簡字	八十
88歲	**米壽**	米的分解	八十八
90歲	**卒壽**	卒的簡字	九十
99歲	**白壽**	百去掉一橫變成白	
111歲	**皇壽**	皇字的分解	百十一

總之乾一杯吧

11日11時11分

〔柏林分局11日〕十一日在德國西部科隆、萊茵等地方大舉行嘉年華會的開幕典禮，剛搬到首都柏林的新居民大約有一百人，都盛裝打扮聚集在一起，在十一時十一分喝當地的啤酒，乾杯慶祝，唱當地的歌。慶祝在新首都參加頭一年的嘉年華會。

（1999年11月12日朝日新聞）

〔參考2〕看「看不見的東西」的目光焦點

古代的妖怪，現代的幽浮等，有的人看得到，有的人卻不相信，世上有很多這種稀奇古怪的東西。

膽小的人走在夜路上，看到樹木的黑影，甚至都以為是妖怪，而相信幽浮的人，看到雲上的光會以為是幽浮。

有一陣子，掀起話題的「人面魚」也是其中之一。

最近電視節目經常有「靈異照片」，可以「看到奇怪的人影」，令人害怕又想看。

如果認真的以學術性的態度來探索這一類事象、現象，就可以到達最著名的『**形態心理學**』的世界。

這是二十世紀初期德國心理學家凱拉、科夫想出來的，處理「圖形與底子」（圖與底）的心理問題。

「圖與底」的反演圖形

心理學家魯賓（丹麥，1886～1951年）所畫的右邊這一幅圖非常著名，

注意看**圖**時，覺得是水果盤

注意看**底**時，像是互相對看的二張臉

若從某一觀點來看，則另外一個觀點就會消失。

不論是運動或藝術世界，都有很多「**能看見看不見的東西**」的例子。

作者是劍道高手，與初學者練習時，往往能看清對方的動作，所以絕對不會被對方的劍擊中。這就是基於長年的訓練而可以看見看不見的東西的緣故。

在「學習數學」時，為了能夠看見看不見的東西（在底部的思考），所以「努力想要看見的學習法」很重要。（尤其是關於有用性方面）

目　　錄

序　章

傳授著眼點

1 免費分配苗木的智慧

裕　君　道志洋博士，那棵樹是怎麼一回事啊？難道你一大早就去偷鄰居院子裡的樹木嗎……？

道博士　喂喂，不要隨便亂說話喔。

這是苗木，「本區從星期天10點開始『免費分配苗木給居民』」，所以，我就去拿苗木啦。

到了明年春天，就可以看到石楠花了。

裕　君　免費的呀！難怪很多早起的老人都在那兒排隊，大概是為了打發時間吧！

道博士　你真是欠缺敬老精神耶。

不過也的確如此。我在9點40分去到那邊，結果大排長龍，大約有1000人吧。事實上，我在戰時為了吃「大鍋飯」經常排隊，所以，我很討厭排隊，但是「沒辦法」，只好排在隊伍的最後面。

裕　君　難道你不擔心分到你前面的2～3人時，對方說「對不起，已經分完了」嗎？

道博士　你真是一大早吃飽了撐著，幹嘛說這些令人討厭的話。不過老實說，我心裡也是這麼想。

之前我就問走到我身邊的一位服務人員：「我排在這兒，還拿得到苗木嗎？」

你猜結果怎麼樣，他回答說可以。我真的好感動。

事實上，這是使用既簡單又很棒的數學構想呢。

裕　君　你別沾沾自喜，趕快告訴我嘛。

道　博士　「1個人可以得到1個苗木袋。沒有袋子就不需要再排隊了，因為已經沒有苗木了。」

所以，有多少苗木就準備多少袋子。這就是「簡單明瞭的作法」。

袋　與　苗木　為1：1
(人數)　(棵數)

這就是數學1對1的對應。

裕　　君　擔心行列，但是看到對方利用數學卻非常感動。的確令人佩服。

道　博士　在數學猜謎中，有一個關於秀吉著名的傳說。織田信長命令他「調查這座山總共有幾棵杉木」，於是他用繩子綁住每一棵杉木，然後解開繩子，把繩子聚集起來，從繩子的數量就可以知道有幾棵樹。

想法相同，不值得大驚小怪，不過自己身邊也有這樣的體驗，所以很高興「能夠高明的使用數學的思考」。

裕　　君　我似乎也想出了類似的應用例。

我發現「將數學意識化」對生活很有幫助呢。

（閒聊）

免費分配苗木

① 山月桂　100棵	② 石楠花　190棵	總計690棵
③ 杜鵑花　90棵	④ 滿天星　90棵	
⑤ 珍珠花　80棵	⑥ 丹桂　40棵	中野區
⑦ 茶梅　50棵	⑧ 蘋果樹　50棵	1999年10月17日（星期日）

我（博士）排在第400位，所以，無法得到最想要的⑥。

2 甘藷是否煮好了？刺刺看就知道

真　弓　我很喜歡吃蒸甘藷，但每次我都不確定是不是蒸好了。

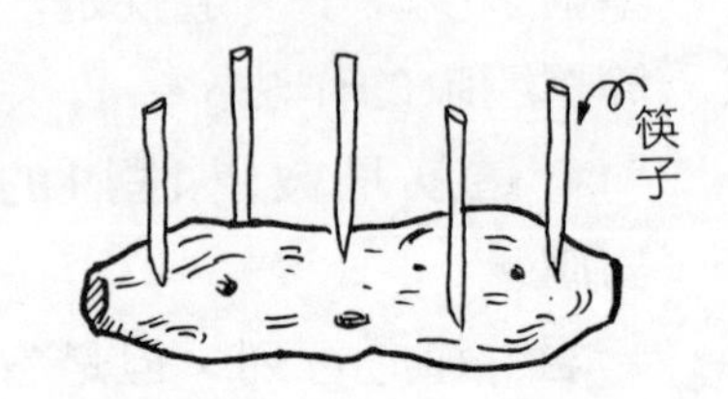

道 博士　遠古時代，尤其是南方，很多地方都是以甘藷為主食，檢查「烤好的程度」，具有悠久的歷史喔！

根據長久的經驗，不必檢查全部的甘藷，只要檢查一部分的甘藷就知道了。

真　弓　現代「蒸甘藷」的作法，也可採用相同的原理嗎？

道 博士　不必全部都刺刺看，只要刺其中幾個，檢查一下柔軟度即可。

真　弓　不用全部刺，也就是說「亂刺一通」囉？是不是隨便找幾個甘藷刺刺看就好了？

道 博士　是啊，亂刺一通是比較不好的說法，不過，最近的數學，**隨機取樣**非常重要，這是既古且新的數學思考。

真　弓　不論什麼事，你都會跟數學扯在一起，這可以算是「數學的思考」嗎？

這麼說來，煮味噌湯要嚐嚐湯夠不夠鹹，也是同樣的道理囉？

道　博士　是啊，沒有人會為了要知道湯夠不夠鹹而把湯全部喝光吧？

這個方法也可以用來檢測現代的湖川、湖泊、海洋或空氣的污染程度。

真　弓　這就是所謂的『**抽樣調查**』吧！難道在遠古時代就已經有「20世紀的數學」這個基本想法了嗎？

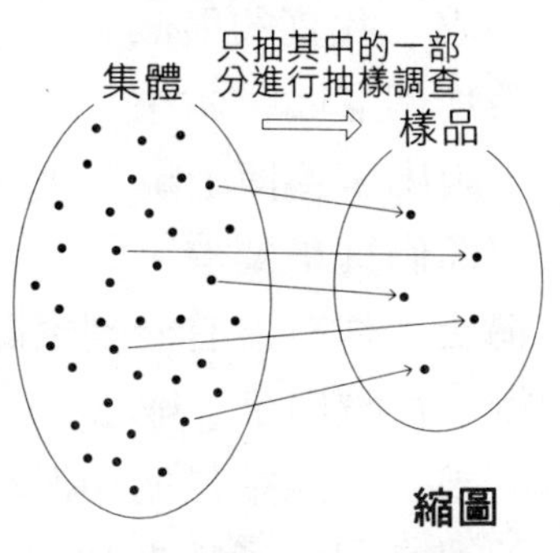

道　博士　說到『抽樣調查』，對於

○大量產品的抽樣檢查
○預測稻穀的採收
○預測櫻花的開花
○調查電視、電台的視聽率
○預測國會議員、總選舉等等，是現代社會不可或缺的。

真　弓　「一瓢湯」的作法，也可以用在買書的時候吧！只要翻其中的一部分內容就知道整本書的內容了。

所謂「聞一知十」、「由小看大」、「由一事看萬事」等，都和「一瓢湯」與「刺甘藷」相同的道理。

道　博士　「進行數的計算」，想要將看似簡單的東西「再潤色一番」，進一步思考，腦海中就會浮現數學。

3 1000根釘子的高明數法

裕　君　先前父親叫我去五金行買1000根釘子。然後……

道　博士　「該不會1根、2根……慢慢的數，而是用秤來秤吧？」

裕　君　我真的很佩服那個老闆，本來想說出來讓博士嚇一跳的，沒想到你已經知道答案了。「你們真是厲害。」

道　博士　你有沒有看到老闆是用什麼方法呢？你該不會看得「目瞪口呆」吧？

裕　君　一開始是把10根釘子放在秤上秤重，然後再從桶子裡拿出釘子放在秤上。當指針指到100倍，老闆就說:「這裡有1000根釘子。」然後將釘子裝進袋子裡交給我。

（10根的重量）×100＝（1000根的重量）

這就是數學計算。

道　博士　你認為這個老闆是利用何種數學思考呢？

裕　君　我看他根本就是個連「數字」都不會寫的老闆……。

道　博士　雖然沒有學過數學，不過，有人就是具有「數學感」，這並不簡單喔。

數學的構想、數學的手法，就像前面1、2所說的，在『數學』這門學問之前就已經存在了。

裕　君　「唉喲，博士拿手的演說又開始了。」我知道，這是利用**數學的函數想法**。

這時是一種單純的比例利用。

道博士　在社會上經常看到這種形態的「比例利用」，你舉些例子來說明吧！

裕　君　前一陣子在報紙上看到以下的報導。

「在電車的車輪上安裝感應重量的感應器，藉著指針可以知道車輛的擁擠情況（大致的乘客人數），這個研究相當進步。這樣就可以利用擴音器播放「下一班電車的第幾節車廂有空位，請乘客往該節車廂移動」，藉此以舒緩擁擠的情況。」

這就是利用（重量）→（人數）的函數想法。

道博士　的確是數學的應用。

如果能夠用「數學的眼耳」去看、去聽報紙或電視上的新聞，就可以發現到這一點。

攀登高峰時，每爬100公尺，氣溫就降低0.6℃，那麼到達山頂時氣溫是幾度呢？該準備什麼樣的衣服呢？這些都是函數問題。

裕　君　再回到先前釘子的話題吧！一些知名演藝人員、政治家等在飯店請客時，會聚集2000～3000人。據說吃全套的法國菜時，1個人就需要13種湯匙、叉子等，準備這些東西應該也是採用「釘子式」吧？

道博士　在學習函數（比例）時，不光是利用算式或畫圖表，只要抓住「底部的思考」，就能夠廣泛應用。

重點閱讀「報紙報導」(例)

在平常的報紙上，也會出現一些社會消息的不同具體實例。請大家多加參考，培養這方面的眼光吧！

1 大學的補習科目

國、公立大學或私立大學的科系，為了「招生」，有把『數學科』從考試科目中去除的傾向。結果，新生的素質不足，造成教學上的障礙，最後不得不採用以下的對策。

45%的國立大學學生在高中曾『補習』

2年前的2.4倍 文部省調查

(1)補習高中數學　(2)讓數學重回考試科目中

理工科系當然要考數學，而經濟科系等也要考數學。

2 狂牛病問題的統計

2000年初期，英國牛隻流行的牛海綿狀腦症——通稱狂牛病——也出現在日本牛的身上，這個新聞震驚整個社會。於是，2個負責的行政單位趕緊進行調查，但是，統計結果卻出現「100萬與65萬的大差距」，信賴度很低。

「狂牛病行政」

檢查牛隻數出現大差距

厚生勞動省100萬農水省65萬

記得五一勞動節時，聚集在代代木公園的勞工人數，「主辦者估計有40萬人，但警方則估計為15萬人」，民眾對於統計的方式相當失望。

3 採用軍事作戰的手法有效滅火

「大地震時容易同時引發火災」，這時消防署的對策則是沿用第2次世界大戰「作戰研究（OR）」的方法來檢討滅火方式。

最初，這個新數學是利用統計學方式分析軍事作戰，後來廣泛應用在現代社會中。因為在大地震對策中需要利用它來避免危機，所以也納入對策中。

大地震的火災運用軍事作戰手法

利用算式、統計有效滅火

東京消防署明日態勢諮詢

第 1 章

意外發揮作用的算式與計算的話題

1 廣告是利用電話號碼的諧音

道　博士　不久之前，我在秋天搭乘豪華郵輪『飛鳥號』繞行日本一周呢！

裕　　君　聽說是3萬噸的大型郵輪。你在船上有迷路嗎？

道　博士　10層樓，總共長200m，有296間客艙，乘客600人。我的房間號碼是840，很好記。

8　4　0號
↑　　↑
8樓　偶數為左舷
（房間號碼的原則）

裕　　君　你是用什麼諧音記的？

道　博士　「雅虎」（日文發音和840相同）。

裕　　君　豪華郵輪讓我想到英國的鐵達尼號。就是1912年4月在南極撞到冰山沈沒的那艘著名郵輪鐵達尼號。

道　博士　我記得某個電視台曾經播放過別具深意的電影，船號是406063號。

裕　　君　諧音是什麼呢？

道　博士　這艘船是愛爾蘭的造船廠建造的，作業員大多是天主教徒，他們看到船的編號都感到不安。

裕　　君　這個號碼倒映在海中變成「沒有法王」（沒有神的守護）。

道　博士　搭載2200人的處女航，令人留下悲慘的印象，所以我每次坐船都會注意到船的編號。

裕　　君　我原本以為只有日本才有「數字的諧音」呢……

職業與電話號碼
2418
1039
1107
7830
0983

道　博士　在日本，『4』很容易利用中文或英文的發音而製作諧音。

裕　　君　企業、公司、商店等在宣傳時，常常利用電話號碼的諧音。

道　博士　那麼，我問你。

你猜猜看，右邊的電話號碼是什麼職業。

裕　　君　給我一點時間想想。——經過思考之後——

2418是　一試成功（日文發音），所以是補習班

1039是　修改　　（日文發音），所以是幫人修改信件

1107是　好女人　（日文發音），所以是體育運動

7830是　沒有煩惱（日文發音），所以是煩惱諮商室

0983是　懊悔　　（日文發音），所以是葬儀社

我猜的對不對？

道　博士　不愧是喜歡數學的裕君。猜的真準！

裕　　君　這附近的商店則用以下的數字

「4129, 1114, 8784, 6474, 8814, 0480」

道　博士　好肉（日文發音）（肉店）、好石頭（日文發音）（珠寶店）、花店呦（日文發音）（花店）、沒有蟲（日文發音）（驅除白蟻業）、很快呦（日文發音）（運輸業）、時髦（日文發音）（美容院）。

裕　　君　以前使用傳呼的人也會交換一些數字的諧音喔。

084（早安）、0906（太慢了）、14106（我愛你）

猜猜看！

⑴2月2日的報紙上，有一篇報導內容是「2000年2月2日是自888年8月28日以來……」，接下來是要說什麼呢？

⑵平成12年12月12日，申請結婚登記的人在都內各區公所大排長龍。到底是什麼諧音呢？而2月23日又是什麼日子？

2 「成套相同數字」所具有的魅力利用在生活中

5個節日		
1月7日	(人日)	七草
3月3日	(上巳)	桃
5月5日	(端午)	菖蒲
7月7日	(七夕)	竹
9月9日	(重陽)	菊

真　弓　最近，「3月3號女兒節」的節慶氣氛似乎愈來愈淡了。甚至有人笑稱是「耳朵節」（日文發音）……。

道　博士　可能最近的女孩比較像男孩吧！怎麼，女性們開始發牢騷了嗎？

與此有關的著名五個節慶，除了1月之外其他都是「成套相同數字」，人類似乎對相同的數字特別有感覺。

真　弓　尤其是賭博時。

不僅是擲骰子、撲克牌或吃角子老虎等，甚至是電話號碼、車牌號碼等也都是如此。

道　博士　但是，有些人卻故意不買右邊號碼的彩券，真是奇怪。

事實上，不論是207381或594607，中獎的機率都相同。

真　弓　我現在才發現，123456789這些數字並排在一起不能算是相同的數字，是嗎？

道　博士　我不知道它的正式說法，有人說這樣是「排列數字」。

真　弓　啊！博士，你真厲害，什麼都知道。

為什麼像這一類的「排列數字」對人類這麼深具魅力呢？到底具有什麼作用呢？

請算出答案

(1)　$(1111111111-10)\div 9$
(2)　$111111111\times 111111111$

○求圓周率的1個公式

$$\frac{\pi^2}{6}=\frac{1}{1^2}+\frac{1}{2^2}+\frac{1}{3^2}+\ldots+\frac{1}{9^2}+\ldots$$

○在圓周率中，2次出現123456789的排列數字

- 小數點後第5億2355萬1502位數
- 小數點後第7億7334萬9079位數

道　博士　「人類的感動」也具有「廣義的作用」，所以探索成套相同的數字也是有意義的。
妳先做右邊的計算題。

真　　弓　計算之後全都是相同的數字耶！

道　博士　圓周率是一個沒有循環的無限小數排列而成的數字，利用電腦求出圓周率到小數後第10多億位（現在為515億位）的金田康正先生，發現曾經出現過2次「從1排到9的排列數字」，這個發現真感人。

真　　弓　前些日子在報紙上看到「日本人口要到達1億2345萬6789人，應該是在黃金週的時候」。連日本的人口都可以變成數字排列，真是有趣啊！

道　博士　我問妳，在紀元1234年5月6日7點8分9秒這一連串排列數字的時，地球上發生什麼事情？

真　　弓　調查世界史，發現這是在13世紀時，

南歐——十字軍第5次獲勝（1229年）之後，進行第6次的準備

北歐——以德國為主，是漢薩同盟的全盛期，發展出『商業算術』

猜猜看！

(1)1234年時，中國和日本到底發生什麼事？調查一下吧。

(2)所謂『小町算』，就是在123456789的前面或中間放入（ ）或＋、－、×、÷等符號，使答案變成100的猜謎。請參考下面的例子，再舉出2個例子。

(例) 123－（4＋5＋6＋7）＋8－9＝100

3 記號超越詞彙！

道　博士　我因為自己的研究工作，經常到世界各地探訪旅行，發現每個國家在主要的機場入口都下過一番工夫，建立了引導外國人的「記號」，就算不懂該國的語言，但是，基本事項幾乎都看得懂。

裕　　君　請舉例說明。

道　博士　我在機場、街上都拍了照片，你看其中的幾張。

▲希臘（雅典）機場內的指示牌

南法的「鷹巢村」▶

裕　　君　這些記號是世界通用的，沒有這些記號，就無法發揮作用了。

　　我也希望能夠靠著這些「記號」環遊世界。

道　博士　我在旅行地，每天散步時，手上一定會拿著照相機，拼命拍照蒐集這些記號。你覺得這幾張（次頁照片）如何？

裕　　君　真的很有趣。

道　博士　真的會令人發笑呢！

日本沒有
（南法）
—很有趣—

就算不識字的孩子
也看得懂
—很可愛—

禁止釣魚
禁止游泳

咦，會有人在這兒游泳嗎？
—奇妙的警告牌—

裕　　君　含有很多詞彙（內容）的記號代表，就是我們經常看到的「條碼」。

道　博士　你的確注意到了。

這個自動認識符號是美國想出來的，日本則從1978年開始使用。

自動讀取裝置（掃描機）在管理商品上非常方便。

裕　　君　黑條碼為1，白條碼為0，這是根據「莫爾斯電碼」而來的。本書的條碼如右所示。

（註）與分析DNA的排列類似。

條碼—以本書為例—

國別記號　出版社記號　書名記號　檢查記號

ISBN4-654-07600-X

←用機械讀取線

9784654076000　←用線表示數字

表示ISBN　ISBN

※ISBN是International Standard Book Number= 國際標準圖書編號

※可以不必理會兩端的黑條碼

1個數字由7個信號形成。形成4個黑白黑白的條碼

(例)書名編號部分

—7—　—6—　—0—

1000100101000011110010

123456712345671234567

猜猜看！

(1)古埃及的象形數字也具有詞彙的記號。請猜猜看右邊的內容。

一　十　百　千　萬　十萬　百萬

(2)「千萬」的記號代表著無限，是哪一種象形數字呢？

4 「加起來除以2」是交涉的智慧

真　弓　日本人比較曖昧，討厭爭論，說話都模稜兩可。

道博士　說好聽一點是「崇尚和平」，說難聽就是「馬馬虎虎」的民族。

真　弓　即使是政治這種重要的場合，對立二大政黨的主張妥協時，大都是「加起來除以2」。

道博士　這種例子屢見不鮮。真弓，妳的經驗呢？

真　弓　我到「結束大拍賣」的店殺價時，也會將「標價和我想要價錢加起來除以2……」。

在我們的生活中，或多或少都會使用「加起來除以2」的平均思考。

道博士　但是，這個方法有時會出現很奇怪的結果。

真　弓　咦，什麼樣的情況呢？

道博士　「從A市到距離12km遠的B市，去的時候走路的時速為6km，回來時，因為很累，時速變成4km。那麼這個人的『平均時速』是多少呢？」

請說明答案。

真　弓　「平均時速就是6和4加起來除以2」，答案是時速

5km。太簡單了吧！

道　博士　妳中計了。

所謂平均的定義是（總量）÷（總個數），但是我們現在所說的則是（總距離）÷（總時間）。這種平均的平均是不對的。

真　　弓　是嗎？那麼，我再重算一次。

總距離是12km×2＝24km

總時間是，去的時候12÷6＝2（小時），回來的時候是12÷4＝3（小時），總共5小時。24÷5＝4.8，時速是4.8km，的確不是5km。

道　博士　還有1個陷阱題。

A黨30人，平均資產為8000萬圓，B黨90人，平均資產為7000萬圓。那麼A、B兩黨黨員的平均資產是多少？

真　　弓　嗯，加起來除以2是7500萬圓。不對嗎？

道　博士　這並不是『大岡裁決』故事中著名的「三方各損失一兩」，不過「加起來除以2」的智慧，就是希望「兩方皆得」。

（基本上就是加起來除以2的計算方式）

猜猜看！

⑴請做做看A、B兩黨黨員平均資產的問題。
⑵請說明「三方得一兩」的內容及其陷阱。

5 會說2國語言女孩的好處與壞處

真　弓　最近的年輕女孩都認為「會說雙語的女孩很棒呢」。

道博士　雙語女孩，這是什麼意思啊？

真　弓　博士，你真落伍耶！據說以前女孩會雙語，是當空服員或打工藝人的必備條件，而現在不論是播音員或播報員、服裝設計師、雜誌編輯、企業OL等走在時代最尖端的職業人士，只要學會英文、法文、西班牙文，就會相當的活躍。

道博士　懂得外語的確可以擴大視野，不過最近專家則認為，兒童美語教育有「好處和壞處」。妳年紀還很輕，所以，比較注意這一類的話題吧！

真　弓　博士！你不要嘲笑我，我可是美少女喔……。

道博士　妳聽我說明原因吧！

根據某項觀察的研究，**雙語女孩**（*bilingual*）有2種，具有以下的差異。

附加的雙語女孩（*additive b.*）──母語已經確立，會附加性的學習第2語言，能夠以概念方式了解事物，以理論方式進行思考，所以，不會喪失母語能力。

減法的雙語女孩（*subtractive b.*）──忘記基本母語或是兩種語言混淆，以這樣的方式學習第2語言。一方面失去了已經固定在腦海中的語言，一方面學習新的語言。

真　弓　博士連這方面的知識都知道。真令人佩服！

道　博士　專家建議「8歲前要盡量說母語，用母語唱歌，玩一些語言遊戲，提高音韻的意識，鍛鍊操作母語的能力」。

（參考）美國的研究者認為「母語為西班牙文的孩子」，與其5～7歲到美國學英文，還不如8～11歲開始學較能夠學會英文。

真　弓　也就是說，要成為雙語女孩，就一定要好好的建立母語基礎囉？

道　博士　提到附加和減法這些名稱，突然想到正面思考和負面思考，經常在報紙和電視上聽到、看到這些字彙。這些都是利用數學用語。

負面運用
「負利息」

減法的構想
漂亮的改變
甘願接受負成長進行改革
增加肌肉量的「乘法減肥」

「人生是乘法。」

真　弓　我想起這樣的故事。

晴天時，老婆婆在哭，釋迦牟尼佛看到之後問她：「妳為什麼哭呢？」老婆婆說：「我有兩個兒子，一個賣傘，一個賣草鞋，晴天時傘賣不出去，而雨天時草鞋賣不出去，因此不管是晴天還是雨天，我都會哭。」對於這種負面思考的人，釋迦牟尼佛到底會怎麼說呢？

道　博士　我想，他會說：「晴天賣草鞋的兒子就會賺錢，雨天賣傘的兒子生意就會興隆。」不過，數學用語的正負居然能這樣用，的確很有趣。所以，同樣的事物，可以從表面看，也可以從反面看。

猜猜看！

⑴會說3國語言的女孩稱為*trilingual*。那麼，會說4國以上語言的女孩稱為什麼？
⑵何謂「乘法的思考」？

6 (體重)÷(身高)^{2}是什麼公式？

真　弓　博士！有一陣子沒見到你，你看起來有點胖喔，是不是吃了很多美食呢？

道　博士　妳看得出來啊？

其實我是搭乘曾經跟妳說過的那艘豪華郵輪『飛鳥號』，10天內大吃日本料理、西餐，除了3餐之外，還吃宵夜和點心，每天都吃得飽飽的……。我早就覺悟到會發胖了。

真　弓　進入老年期的人一旦發胖，就要擔心可能罹患高血壓、糖尿病、心臟病、高血脂症這四大生活習慣病。

道　博士　喂喂，我還想活久一點呢！妳別嚇我了。乾脆就來檢查一下好了。

體重・體脂肪計

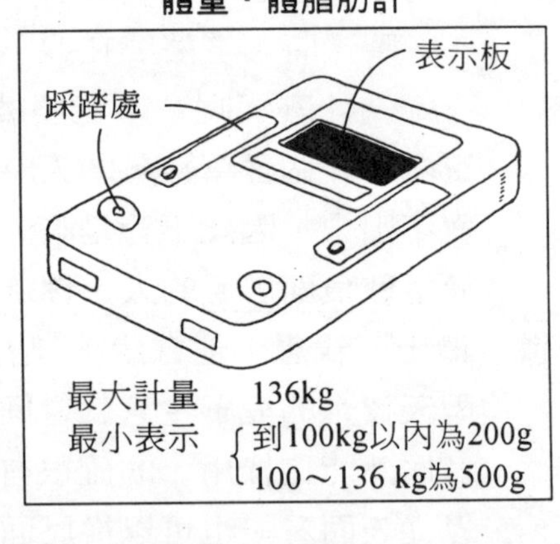

真　弓　博士的身高160cm，體重62kg，體脂肪應該是18.5。

雖然還不用擔心，但還是算一下。

(體重kg)÷(身高m)^2

道　博士　妳看起來就像是個醫師。那就算算看好了。大約24.2，怎麼樣呢？

真　弓　勉強過關，肥胖度的公式值以H來表示，那就是

$18.5 \leqq H < 25.0$

還不算是「肥胖」。

> （參考）
> 左邊的指數H是BMI值
> (體格指數)

道　博士　接下來要檢查什麼？

真　　弓　血壓。

右圖是世界衛生組織（WHO）所制訂的，博士的血壓大約是多少呢？

道　博士　之前測定過87～142

真　　弓　理想值是80～120。不過高齡者的血壓本來就會高一點。

以往都是以歐美人為基準，不過日本人的標準則是稍高一些，大約是90～140。

95
90
最低血壓（mm Hg）
正常血壓
境界型高血壓
高血壓

(註)雖然沒有低血壓的定義，不過一般來說，收縮壓不到100mm Hg的人就是低血壓。

道　博士　謝謝妳，我可以鬆一口氣了。只要稍微胖一點，我就開始擔心了呢！

現在是將身體公式化、數量化的時代。據說還有可以算出最適當椅子高度的計算公式呢！

真　　弓　我倒想聽聽看。

道　博士　那是早稻田大學的野呂影勇教授，所想出來的公式，理想高度是：

(椅子的高度)＝(小腿長)－2.5cm＋(椅墊的厚度)＋ α

α 是鞋跟的高度。

真　　弓　在我們的身邊有很多公式化的東西呢！

猜猜看！

⑴請計算身高180cm、體重85kg的人的肥胖度。

⑵某個人的小腿長80cm，椅墊厚10cm，赤腳（ α ＝0）時，求理想的椅子高度。

7 『找錢詐騙』的計算陷阱

裕　君　最近，每2、3個外國人為一組的集團，正橫行著『找錢詐騙』。

道博士　基本手法就是『壺算』。

裕　君　『壺算』是什麼？

道博士　某個人用1兩買了壺，然後將壺拿回店裡對老闆說：「這個壺是1兩，和之前付給你的錢1兩加起來是2兩，所以，我要換2兩的壺。」然後將受騙的老闆拋在腦後，拿著2兩的壺回去了。

裕　君　這和「大岡裁決」中「三方各損失一兩」的故事類似，都非常的可笑。

找錢詐騙也是採用類似的手法。

道博士　外國人詐騙集團（有人說當中也有日本人）為了提高「壺算障眼法」的效果，會使用各種詐騙手段，右邊就是很好的例子。目標大都是香菸攤或糕餅店。

裕　君　博士好像也很熟悉嘛！你是不是也有兼差呢？

道博士　喂喂，就算我們的關係很好，說話也要守分寸啊！不可失禮。

手　法

- 在黃昏天色微暗的時候
- 找老人看守的店
- 找顧客較多或接近繁華街道的店
- 使用日文單字
- 2、3個人一起行動，分散老闆的注意力
- 得手後立刻消失

(註)這個「分析」也是數學的感覺

裕　　君　啊！對不起，不過，實際的詐騙手法是如何進行的呢？

道　博士　外國騙子到香菸攤去，作法如下。

(1)讓老闆看5000日圓鈔票（並沒有交給他），然後用手勢或單字說要買1包230圓的香菸。

(2)店裡的人拿出香菸，並找他4770圓。

(3)外國人把香菸和找的錢放入口袋裡，然後將找的錢4000圓加上1000圓湊成5000圓，再加上之前讓老闆看的5000圓，對老闆說：「請換給我一張10000圓的鈔票。」

(4)最後拿著香菸和10000圓的鈔票走了。

裕　　君　這個手法蠻複雜的。當顧客多的時候，因為只能用單字交談，會誤以為是正確的計算而產生錯覺。

不過，這個外國人到底得到多少錢呢？

道　博士　一些知名的「老鼠會」或奇怪的「詐騙手法」就更為複雜了。不過都是古書『壺算』的變形，如果不具有數學（計算）的直覺力，恐怕就會上當。

猜猜看！

(1)『壺算』的陷阱是什麼？

(2)上述的找錢詐騙中，騙子到底得到多少錢？

8 從賞月丸子到砲彈山

道　博士　在街道上、城鎮或野外……，到戶外經常會發現「堆積如山」的東西。

真　　弓　古埃及的金字塔或中國的萬里長城，是利用木材、石頭等建材，巧妙的使用堆積如山的方式建造完成，這樣才不會佔據太多的空間。

第十二 すきさんの事

道　博士　江戶時代300年內，著名的寺子屋（江戶時代主要由僧侶辦的私塾）算術書『塵劫記』（吉田光由著）中，也在「杉算之事」（第12）提到了「堆積如山的問題」。也就是後來的草袋算或杉成算。

「堆積如山的問題」在古今中外都有，能夠最快數出全部數目的工夫，發展成數學上的「數列」、「級數」。

真　　弓　聽到「堆積如山」，我突然想到賞月丸子山，這也很難一下子就數出來。

道　博士　很久以前，人類就開始向這種堆積如山的問題挑戰，例如古代四大文化所有的初級數學中都有的數列，是在紀元前5世紀畢達哥拉斯活躍的時代正式數學化。

真　　弓　什麼樣的數學呢？

道　博士　像三角錐數、四角錐數、……，這些整數的分類方法都是，而妳所說的賞月丸子是四角錐數。

首先要調查三角錐數，情況如下。

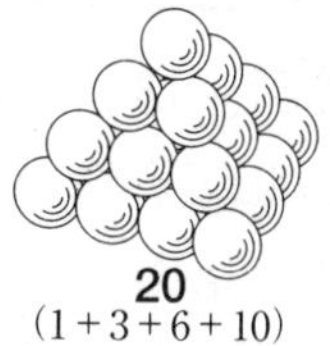

1　　4 (1+3)　　10 (1+3+6)　　20 (1+3+6+10)　　………

真　　弓　1、4、10、20、……看起來不具規則性，但是分解各數後，就可以知道規則。（三角數的數列之和）

道　博士　更進一步，也就可以知道四角錐數的數列。

真　　弓　這個數列是從四角數的數列1^2、2^2、3^2、4^2、……的平方數的數列求得。那麼，四角錐數呢？

道　博士　稍後來計算看看。

四角錐數的插圖

第一層

第二層

第三層

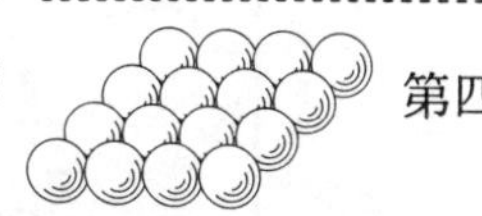
第四層

右圖是古代大砲的砲彈——只有彈丸，裡面沒有火藥——砲彈山。

這在歐洲各地都可以看到，在莫斯科、伊斯坦堡等觀光地區也有展示，覺得怎麼樣？很美吧！

（註）15世紀開始有大砲。

摩納哥公園內的古代砲彈

猜猜看！

⑴由小到大，列舉5個三角數的數列。

⑵由小到大，列舉5個四角錐數的數列。

9 擔心俳句被創作完了

道　博士　裕君，這首和歌很有趣吧！這是我在上課或演講之前經常為大家介紹的和歌，深獲好評喔！

眾人討厭的
代數幾何
為什麼只有你
特別喜歡呢

裕　君　不像和歌那麼優雅，看起來好像是「打油詩」。的確很有趣……。

道　博士　你當我是笨蛋啊！好吧，那麼我就再介紹另一首深獲好評的和歌，是數字的和歌喔！你唸唸看。

（代數是數量篇
幾何是圖形篇）

八萬三千八
三六九　三三四八
一八二
四五十二　四六
四百八三千七六

暗示的繪畫（正確解答在次頁）

九六　八四一
兆百十萬〇八
八七百三九

裕　君　「八萬三千八」，但是下面就接不下去了……。

道　博士　這對初學者來說似乎有點困難。那就試試看比較短的俳句好了。你唸唸看。

裕　君　「黑彌生　蝴蝶停了下來　花也開了」整理後比較像俳句了。但是「黑」有點奇怪。

裕君的回答

黑彌生
蝴蝶停了下來
花也開了

道　博士　不是黑，要唸成「頃」(今天、這個時候的意思)。「彌生」是3月。你有空的時候可以做些數字的俳句。

裕　君　好，我來挑戰看看。不過，老實說，我經常在想，俳句是17個音排成的句子。距今300多年前，俳聖芭蕉就已經創作了幾百萬、幾千萬首的俳句，到了我們這個時代，俳句應該都已經被創作完了吧？

「完成了名句，當然很高興，但是如果發現別人已經做過這首俳句，當然就會很懊惱。

道博士　既然你這麼說，那麼，我們就來計算看看，確認一下吧。

裕　君　連俳句的數目也可以計算嗎？你的數學真厲害。

道博士　包括「あああ……」等毫無意義的俳句在內，總數是

$$\underbrace{71^{\text{文字}}\times71\times71\times\cdots\cdots\times71}_{17\text{文字}}=71^{17}\text{句}\fallingdotseq 3\times10^{31}\text{句}$$

如果其中有意義的俳句數為1000萬分之1，則有3×10^{24}句，日本有1億人口，如果每天每秒創作1句，那麼1年到底有幾首呢？

裕　君　$1^{\text{句}}\times60^{\text{秒}}\times60^{\text{分}}\times24^{\text{小時}}\times365^{\text{天}}\times1^{\text{億人}}=31536\times10^3\times10^8\fallingdotseq3\times10^{15}\text{句}$

道博士　那麼，幾年後俳句會被創作光了呢？

$(3\times10^{24})\div(3\times10^{15})=10^9\rightarrow$ 10億年

我想，只要地球存在，應該都沒問題吧！

猜猜看！

⑴上面的71文字是什麼東西的個數呢？

⑵請做一首數字的俳句。

（註）唸成「山道寒冷寂寞孤宅，每夜佈滿白霜」。

（江戶時代的作品。據說目前在碓冰嶺還有石碑呢！）

猜猜看！解答

1（27頁）

⑴所有的數字都是偶數。這是闊別了1112年之後再度發生的事。

（參考）最後出現所有奇數的日子是1999年11月19日，不會到達3111年1月1日。

⑵「1、2、1、2、結婚」的諧音。2月23日是富士山之日。

2（29頁）

⑴中國南宋時代，以杭州為主迎向數學的黃金期。
日本的鎌倉時代則出現了唯一的『繼子算法』的著作。

⑵12＋3＋4＋5－(6＋7)＋89
(1＋2＋3＋4＋5)×6－7＋8＋9

3（31頁）

⑴  木樁， 彎下來的手，
測量繩， 蓮花， 
紙莎草之芽， 蝌蚪，
嚇了一跳。

⑵  升上地平線的太陽。

4（33頁）

⑴平均的平均是不行的。
（8000萬元×30＋7000萬元×90）÷120＝7250萬元

⑵2個人各拿出1兩2分，合計為3兩，向大岡提出控訴。大岡則認為加上自己總共3個人，每個人分1兩，「在大家都是0的時候，各分得了1兩」。（1兩= 4分）

5（35頁）

⑴bi是2，tri是3，不過4以上就變成了multi（很多），所以應該是multi-lingual。

⑵有2種使用方式（思考）。
①2倍、3倍急速全進。
②原本是0，所以，不管乘多少都是0。

6（37頁）

⑴帶入公式中就變成了
85÷（1.8）^{2}＝26.2　肥胖

⑵理想的高度為
80－2.5＋10＝87.5（cm）

7（39頁）

⑴(之前的1兩)＋(1兩的壺)＝2兩
　　　　①　　　　　②
實際上①和②並非相同的東西，加在一起根本無意義。

⑵外國騙子拿出來的錢是6000圓，而得到的錢則是
(1萬圓)+(找的零錢770圓)+(香菸230圓)= 11000圓
11000圓－6000圓＝5000圓

8（41頁）

⑴1, 3, 6, 10, 15
⑵1, 5, 14, 30, 55

9（43頁）

⑴五十音當中去除下面的5個，加上20個濁音，5個半濁音和「ん」，總計為71。
や行「い」「え」
わ行「い(ゐ)」「う」「え(ゑ)」

⑵賞花時，三弦琴或琴等琴弦，都被冷落了

八、七三五六
三三八 九十 七十
一十 三三四

第 2 章

意外發揮作用的計量與測定的話題

1　復育『長毛象』（猛瑪象）的方法
2　思考198圓、4點55分的心理
3　衛生紙的話題
4　人類的尺度
5　「代用品」的思考與利用
6　地球上的人類的存在
7　瀨戶大橋的橋柱間與「1節」
8　鎌倉與奈良大佛的約會
9　車輪轉1圈，奔馳距離增加為2倍的車子

1 復育『長毛象』（猛瑪象）的方法

道　博士　日本人的根源有1種說法，也就是從西伯利亞趕走了長毛象，遠渡結冰的大海而來到日本的種族。

「趕走長毛象」真是很棒的夢啊！

裕　　君　在現代的西伯利亞雪地裡發現了長毛象，傳媒也加以報導。

道　博士　據說長毛象在3萬年前已經絕跡了，是「象的祖先」。使用從雪地裡挖掘出來的長毛象的DNA，加上遺傳學上與長毛象有近親關係的非洲象繁衍出後代，按照以下的方法，預估在第4代能夠重新復育長毛象。

（即使精子死亡，但只要有細胞，還是可以辦到。）

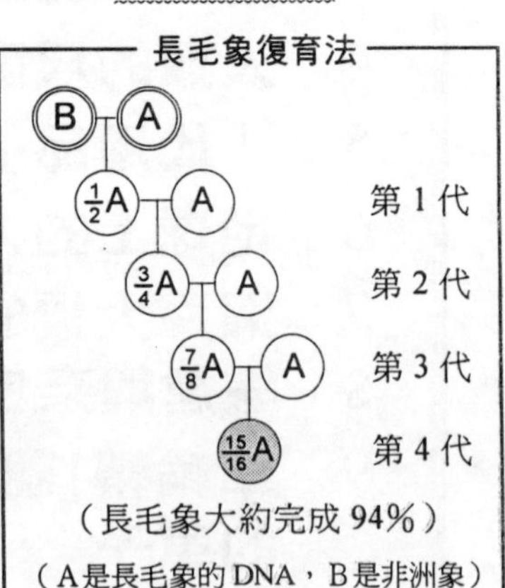

（長毛象大約完成 94%）
（A是長毛象的DNA，B是非洲象）

（註）古埃及木乃伊也可重生嗎？

裕　　君　右表就是復育的設計圖嗎？「到了第4代，可成為94%的長毛象」，如果進展順利，那真的是很有趣喔！

道　博士　到了第5代，你覺得應該是幾%呢？

裕　　君　我來算算看。

$$\left(\frac{15}{16}+1\right)\div 2=\frac{31}{32}\fallingdotseq 97\ (\%)$$

將近1，也就是幾乎變成真正的長毛象了。

道　博士　持續到第幾代會變成真正的長毛象呢？你能計算出來嗎？

裕　　君　用同樣的方法計算就知道了。

如果是第n代出現真正的長毛象，則應該是

$$\left(\frac{n-1}{n}+1\right)\div 2=\frac{2n-1}{2n}=1-\frac{1}{2n}$$

當$\frac{1}{2n}=0$時，……$n\to\infty$嗎？

亦即愈來愈接近真正的長毛象，但是，永遠也不可能變成真正的長毛象嗎？

道　博士　還有一個相似的問題，就是換洗澡水的時候，「抽掉一半骯髒的水，加入一半乾淨的水。然後再抽掉一半的水，重新補充一半乾淨的水。反覆這麼做，最後髒水只有1%以下時，是在第幾次作業之後」。

裕　　君　看起來有點困難。

$\frac{1}{2}+\left(\frac{1}{2}\right)^2+\left(\frac{1}{2}\right)^3+\cdots\cdots\left(\frac{1}{2}\right)^n>0.99$（或者是$\left(\frac{1}{2}\right)^n\leqq 0.01$）計算式子中的$n$。

道　博士　如用圖形來思考，則如右圖所示。和長毛象的問題一樣，不論水有多麼乾淨，還是會留下髒水。

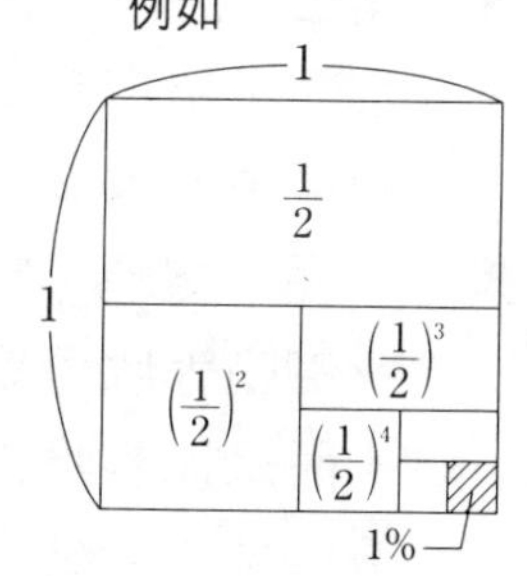

裕　　君　雖然（無限小）不等於0，但可以用計算的方式表現夢想，這也是一種樂趣啊！

猜猜看！

⑴某棵樹每年增加的高度都是「去年所增加高度的一半」。播種的那年長了1公尺，那麼100年後，樹有多高？

⑵求上面換洗澡水式子中的n值。

2 思考198圓、4點55分的心理

真　弓　今天想要去超市購物。對了！夾在早報內的宣傳單，可能是星期五的緣故吧！就像以往，「198」的數字相當顯眼。

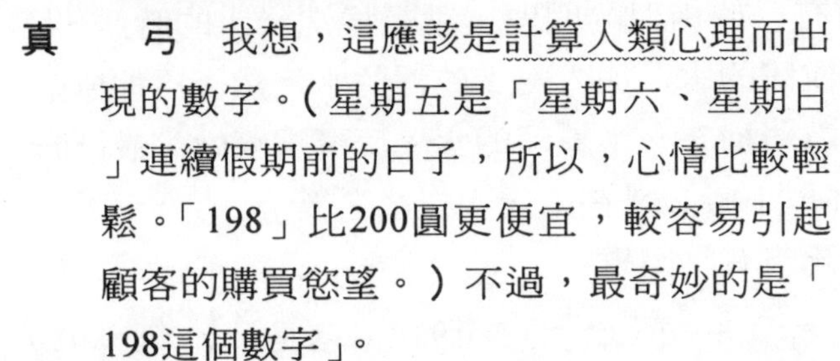

道　博士　「星期五的198」，感覺就像是猜謎的密碼。

真　弓　我想，這應該是計算人類心理而出現的數字。（星期五是「星期六、星期日」連續假期前的日子，所以，心情比較輕鬆。「198」比200圓更便宜，較容易引起顧客的購買慾望。）不過，最奇妙的是「198這個數字」。

處處都是計算
節稅計算例　大阪市計算失誤
●首相的計算　巨人清原的計算

道　博士　人在無意識中會產生一種『計算』心理，超市等就是利用這種心理。而報紙的標題上也會出現一些計算的數字。

真　弓　電視、電台，尤其民營節目，白天或傍晚等收視率較高的時間帶並不是11點、5點、6點整，而是比整點提早幾分鐘，好像電視台希望比友台更早讓觀眾收看到自己的節目。

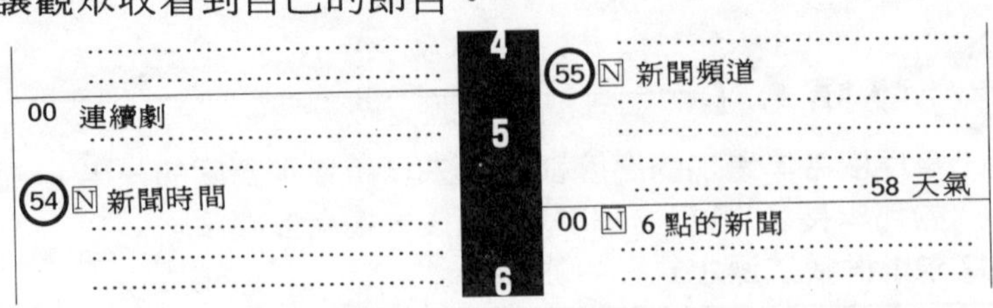

道　博士　「比別人搶先一步……」，我了解這種心理，但是卻讓人看出劣根性，像「198」或4點55分就是如此。

真　　弓　不過，生意人光靠這些是不夠的。

・超市內商品的展示或陳列——顧客的動向——

・百貨公司各樓層擺放貨品的位置安排——將顧客吸引到上一層樓的內容——

・餐飲店等餐桌的配置等等，要花很多工夫才能使生意興隆。

道　博士　就算是同一樣的物品，因排列方式的不同，有時根本看不出大小是相同的。像1851年菲克所提出的『倒T字型錯視圖』，魚店老闆加以利用之後，變成右邊的情況。

根據研究者的報告

（橫）:（縱）＝ 100：85

看起來是相等的。

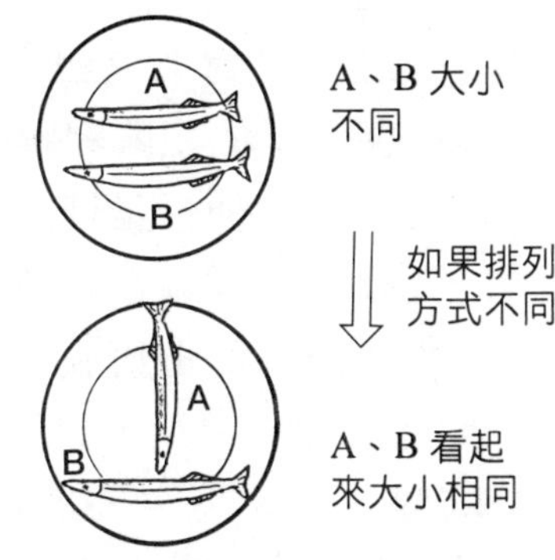

真　　弓　啊，真驚訝。錯覺真是太可怕了。

道　博士　像之前所提過的作戰研究，經由研究之後創立『遊戲理論』（各種的機關）。所以數學的應用範圍很廣呢！

（參考）錯視圖的各種相等情況

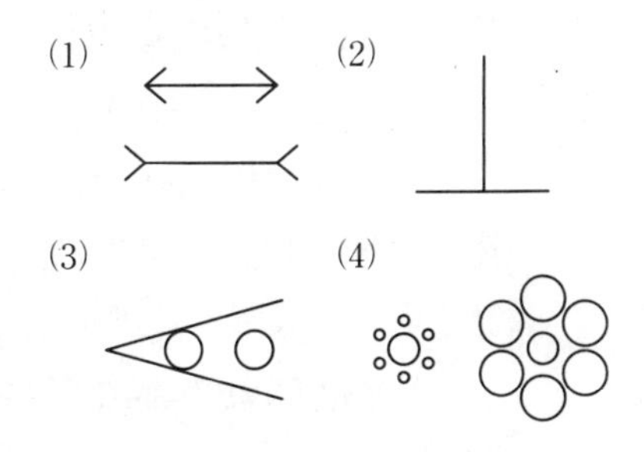

猜猜看！

(1)希望以賺取進價3成的利益決定定價，如在大拍賣時以打7折的方式銷售貨品，則店的損益情況如何？

(2)人類「視線移動的抵抗感更大」。請找尋看看這一方面的實際體驗。

3 衛生紙的話題

裕　　君　一大早就說一些「不衛生的話題」，真是不好意思，但是，因為看到有趣的統計結果，所以，想聊聊這個話題。

這是針對東京與大阪各300名上班族的「排便時間與快便度」的相關問題進行問卷調查的結果。

道　博士　「大便」是健康的指標，而且是上班族非常重要的問題，這種調查非常不錯。

裕　　君　東京的上班族，平均1次排便時間為8分18秒，比大阪人的時間長了1分24秒，快便度（順暢的程度）為6.6點，非常低。亦即都內的上班族「要花很多時間，而且無法順暢的排便」，結論是「這是受到強大壓力的影響」。

道　博士　平均時間8分多，實在太長。我就花不到5分鐘。

裕　　君　此外，也說明了以下的傾向。

工作上操心的人，比較容易便秘。

壓力積存的人，比較容易下痢。

這是男女共通的現象。

道　博士　我們繼續討論這個話題，關於小便的平均時間，男子49秒，女子75秒。參加旅行團或大學入學考試等，休息時間只有女廁所會大排長龍，原因包括女廁所比較少，但另外一點，就是女生上廁所所花的時間比男生要長。一直討論這個話題，真是不好意思，不過就某方面

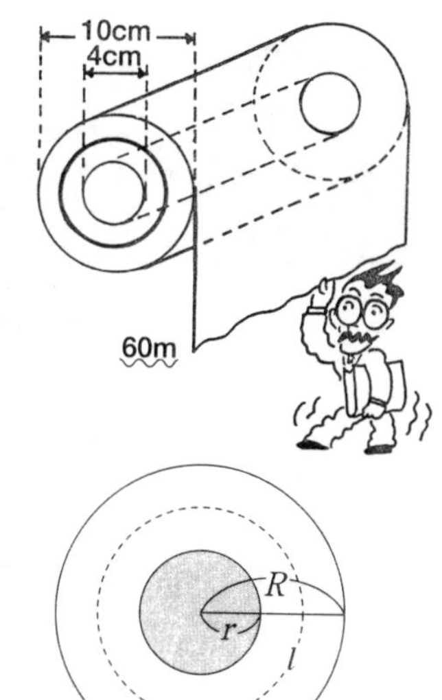

而言，這的確是「需要解決的重要問題」。「數學調查絕對不會完全沒用！」接著，就來聊聊衛生紙的話題吧。

裕　　君　你知不知道，

⑴每個人每次大便時，會用掉幾cm的衛生紙？

⑵普通型的衛生紙「1捲60m」，多久會用完？

道　博士　根據某項調查顯示，1次大約使用50cm左右。以1天使用1次來計算，1捲大約用4個月左右。1捲的長度是以右邊的方式計算出來的，先計算1捲的切面面積，再除以紙的厚度。

$$S=\pi R^2-\pi r^2$$
$$=\pi(R^2-r^2)$$
$$=\pi(R+r)(R-r)$$
$$=2\pi\frac{(R+r)}{2}\cdot(R-r)$$
$$=l\cdot\underline{(R-r)}$$

圓環中央的周圍與寬度的算式

裕　　君　以我手邊的衛生紙為例，$R=5$cm，$r=2$cm，$R-r=3$cm，$l=2\pi\cdot3.5=7\pi$，所以$S=7\pi\times3=21\pi$，$S\fallingdotseq66(\text{cm}^2)$

因此，只要知道紙的厚度，就可以求出紙的長度。紙的厚度為0.01cm時，66÷0.001= 6600，紙的長度66m。

道　博士　延伸的問題，就是可以計算出葫蘆型情侶散步道（寬度一定）的面積。應用範圍很廣呢！

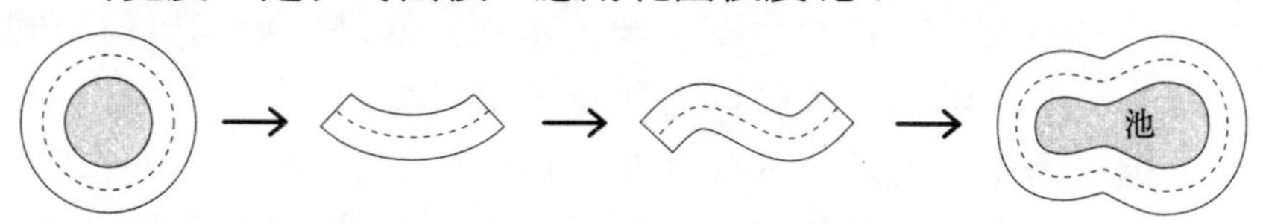

猜猜看！

⑴左邊的「需要解決的重要問題」，是指什麼呢？

⑵請舉出5種捲筒的物品。

4 人類的尺度

真　弓　人類的社會或文化，全都是由“人類的尺度”所構成。看似理所當然，不過像「度量衡」或「碼磅度量衡制」等計量，測定的基本各有不同……。

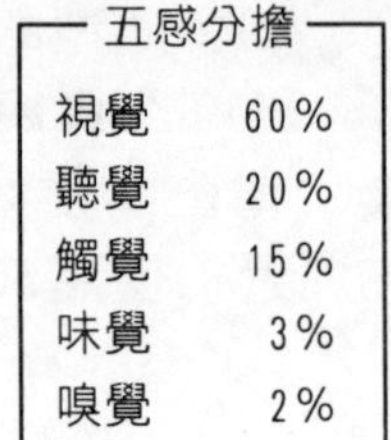

五感分擔	
視覺	60%
聽覺	20%
觸覺	15%
味覺	3%
嗅覺	2%

道　博士　提到人類的尺度，首先要提到『五感』。

根據某項研究顯示，人類採用類比的方式了解感覺時，五感中各感覺所佔的比例如右表所示。

真　弓　這個研究的確非常有趣。最近流行的「電腦虛擬實境」，全都是利用視覺、聽覺來玩遊戲。

道　博士　關於「人造實境」的研究也相當進步，據說也可以模擬觸覺呢！「如果五感所有的假想體驗都可以辦到……」，那會變成什麼情況呢？

真　弓　以前的『度量衡』等，是以「人類的尺度」為主而建立的自然尺度，像『米制』就是人類基於科學的根據所創立的，所以也稱為人工尺度。

道　博士　但是，人類非常喜歡曖昧的感覺，例如，要說明擁有廣大建地的遊樂場大小，並不會說「○○公頃」，而會說「相當於幾個東京巨蛋」。這樣比較容易讓一般大眾了解。

真　　弓　據說山梨縣的遊樂場（2001年關閉）所建造的格列佛（格列佛遊記中的主角）是「人類的12倍」，當時掀起話題，12倍真的很大耶。

(1)平行？

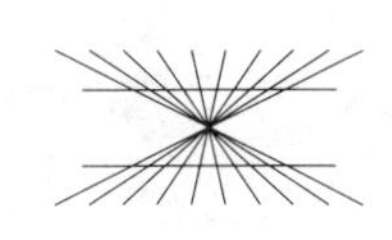

道　博士　12倍是長度。如果是立體的則為3次方，變成1728倍，真的很大。

真　　弓　西瓜的直徑變成2倍時，體積變成2^3，等於8倍。如果價格為4倍，那麼，應該買大西瓜比較划算。

(2)四角形？

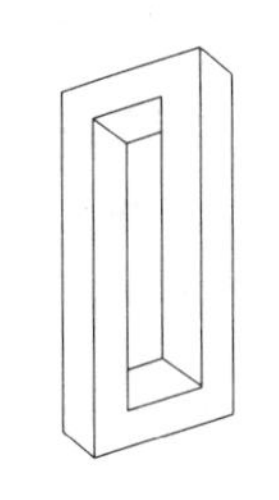

道　博士　就像之前提到的錯視圖，據說視覺是五感中比例最高的感覺，佔60%，不過，還是會出現構造紊亂的情況，亦即「人類的尺度」也會有誤差。你看右邊的(1)～(3)圖，有何感想呢？

(3)無限階梯？

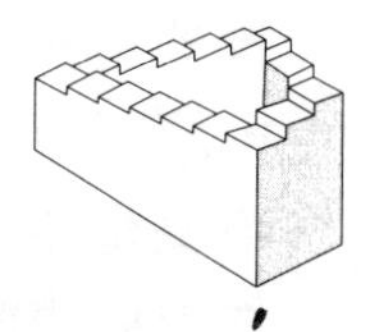

真　　弓　能想出這種圖形的人真是太偉大了！

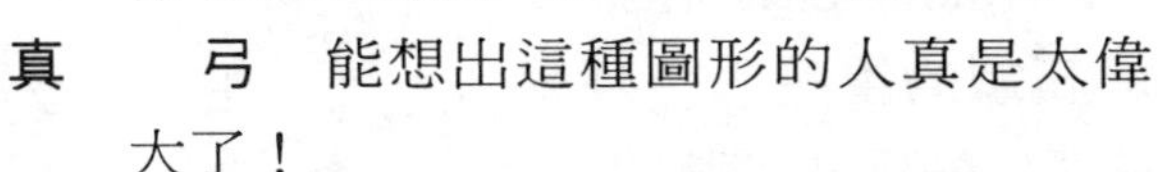

道　博士　這就好像是利用10張1萬圓鈔票製造出11張鈔票的詐騙行為一樣，那麼，妳看得懂下面騙人的圖嗎？

真　　弓　我對自己的感覺和對事物的尺度已完全失去自信。

猜猜看！

(1)人類的壽命將近80歲，如果80年為1天，那麼，實際工作45年的人，到底工作幾小時呢？

(2)國人一般的視力為1.2，而非洲的原住民中，甚至有人達到8.0，是日本人視力尺度的幾倍呢？（視力尺度為平方根）

5 「代用品」的思考與利用

道　博士　近年來科學技術進步，不過廣泛的「代用品」卻增加了。有的甚至比「原型」更好，而有的卻和偽造的犯罪行為有關。調查之後發現非常有趣。

裕　　君　一聽到「代用品」，首先想到的是以前的故事。『三國志』中，有人送魏朝的曹操1隻印度象，這個故事就是關於秤印度象的故事。

道　博士　象的重量和「代用品」有何關係？

裕　　君　部下中沒有人想出該如何秤象的重量，而曹操的兒子「曹沖」則將石頭當成代用品（右圖），然後再測量每一顆石頭的重量，這樣就知道象的重量了。的確非常聰明。

道　博士　他和父親不同，是一個很有人情味的人，而且頭腦聰明，父親對他寄望頗高，但是卻在13歲那一年就死了。真是「英年早逝」。

裕　　君　這個思考方式和「用秤秤1000根釘子」應該是相同的吧？不過，博士說的代用品，到底是什麼東西呢？

改良型
- 絲綢製品→尼龍
- 木板→保麗龍
- 包裝紙→塑膠等

代用型
- 代餐
- 代課老師
- 臨時安置住宅等

道　博士　概略說起來，就是如右表所示的東西。雖說是代用品，但是，有些已經超越時代，有些則只是暫時的替代品而已。

　　裕君，你能舉一些例子嗎？

裕　　君　我的想法有點不同，我是這樣想的。

替代型：特使、臨時大使、替身　等

贗品型：仿冒品、紙幣、古董　等

　　「贗品」雖是不好的東西，例如假的珍珠，但有的人卻覺得「價格便宜，看起來很漂亮，假的東西也很不錯。」有時候並不是賣方故意要欺騙顧客。

道　博士　如果把焦點擺在數學界上，那麼你有何想法呢？

裕　　君　例如，把遊樂場的面積比喻成東京巨蛋的○倍，或用數字以及文字a、x表示東西的個數，這也算是一種利用代用品的思考吧！

道　博士　在解方程式過程中，也可以藉著「等價變形」這種代用品移動來解題。

例如

$$8x+2=5x-4$$
↓ 移項
$$8x-5x=-4-2$$
↓ 計算
$$3x=-6$$
↓ 除以3
$$x=-2$$

　　例如，自古以來利用衛生紙測定高度的方法，也是代用品的有效利用法。

猜猜看！

⑴說明利用石頭測大象重量的方法。

⑵要證明某項命題，但也可以證明其代用品「對偶」（81頁）。例如請說明「三角形內角和為180°」的對偶。

6 地球上人類的存在

真　弓　寂寞、悲傷的時候，看看海，抬頭仰望夜空，「覺得自己非常渺小，鬱鬱寡歡」，這種感覺難以忘懷。

道 博士　咦！難道妳失戀了？的確，比起宇宙而言，人類的存在的確相當的渺小。

真　弓　「地球在45億年前誕生，如果45億年以1年來換算，則『人類的出現』是在什麼時候呢？」可以和朋友閒聊這個話題，計算這個有趣的想像。

道 博士　以「恐龍」為例，1億7000萬年前非常繁榮，消失在6500萬年前。就像「進入12月後，半月君臨，25日滅絕」。

真　弓　這個說法清楚明瞭，而且很有趣。

我把地球的變化濃縮在1年的時間裡，整理成右表。

(註)納卡達文明比世界四大文明更古老。

年代	月日	事項
45億年前	1月1日	地球誕生
37億年前	3月上旬	大地誕生
30億年前	4月30日左右	生物誕生
17億年前	8月中旬	多細胞生物出現
4.5億年前	11月25日左右	魚的出現
4億年前	11月29日左右	最初的陸上植物
2.7億年前	12月9日	爬蟲類出現
7000萬年前	12月26日	哺乳類鳥類出現
300萬年前	31日18時	人類出現
20萬年前	31日23時	新人類
8000年前	31日23時59分	最古老埃及（納卡達文明）的誕生

道　博士　最近每天看新聞，動不動就出現

○強盜搶了銀行1億5000萬圓

○10年前5億圓的「億萬豪宅」，已經跌價成2億圓

○職棒選手簽訂8億圓的契約

○中國人口為16億人

動不動就使用「億」這個字眼，真難想像1億年前地球上是什麼情況。

真　　弓　如果說「人類文明的誕生（8000年前）就是在除夕夜鐘響結束之前」……。

53頁曾提到「人類的壽命將近80歲，如果80年為1天，那麼實際工作45年的人，到底工作幾小時呢？」這讓我了解到，如果濃縮時間，則會有一些驚人的發現。

道　博士　那麼，如果80歲「換算成秒」，又會變成什麼情況呢？

真　　弓　計算一下，大約為25.2億秒。

$\underline{60^{秒} \times 60 \times 24 \times 365} \times 80 =$ 25億2288萬秒

1年內的秒數（3135萬6000秒）

道　博士　反過來說，如果1秒＝1年，則這個秒數就變成了「生物誕生」的驚人數量。

真　　弓　提到時間的問題，似乎有點麻煩。

古代的「文學表現」著重氣氛，如果將其數量化，也許就會變得更具體、更容易了解了。真是有趣啊！

猜猜看！

⑴1萬的1萬倍為1億。那麼1億的1萬倍也就是萬億，應該如何表達呢？——和「億萬富翁」不同——

⑵恐龍繁榮了1億7000萬年，我們將其稱為「半月君臨」。而人類的存在大約300萬年，相當於幾天呢？

7 瀨戶大橋的橋柱間與「1節」

裕　君　博士應該搭乘過繞行日本1周的觀光船航行於瀨戶內海吧。

你認為世界最長的明石海峽大橋是否壯觀呢？

道博士　搭乘『富士號』往東繞，搭乘『飛鳥號』往西繞，當時明石大橋燈火輝煌，無法拍攝到美麗的夜景。不過我拍到了瀨戶大橋的美麗身影（右上）。令我驚訝的，不是它在海面上綿延1000m，而是橋的長度為3.2cm。這證明了地球是球形。

裕　君　地球1周4萬km，為360°所以40000㎞÷360÷60≒1852（m）1′＝1852m。啊，這就是1節的長度。

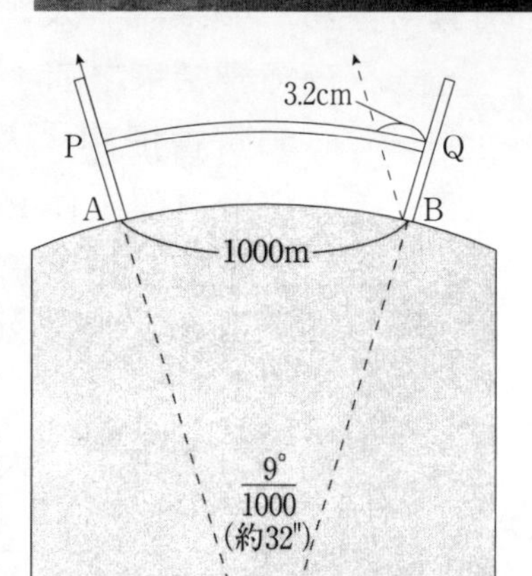

1′＝1852m＝1節
『富士號』的最快速度21節

〔參考〕

○ 明石海峽橋3,910m（世界最長的橋，花了10年才完工）

○ 大鳴門橋　1,629m

○ 瀨戶大橋　12,300m（利用6個橋連接5個島）

播磨灘周邊大橋圖

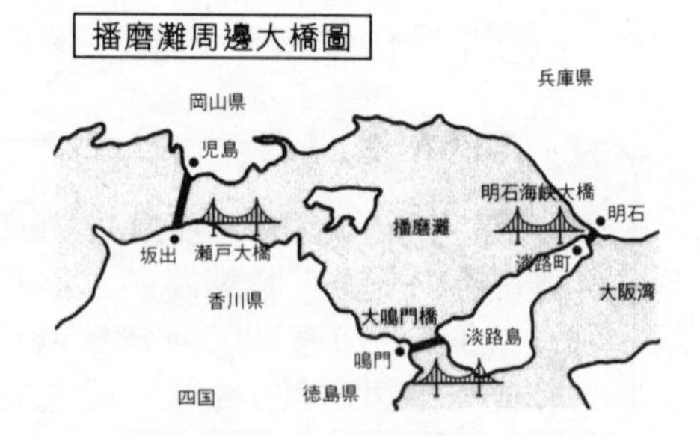

地球大小的測定

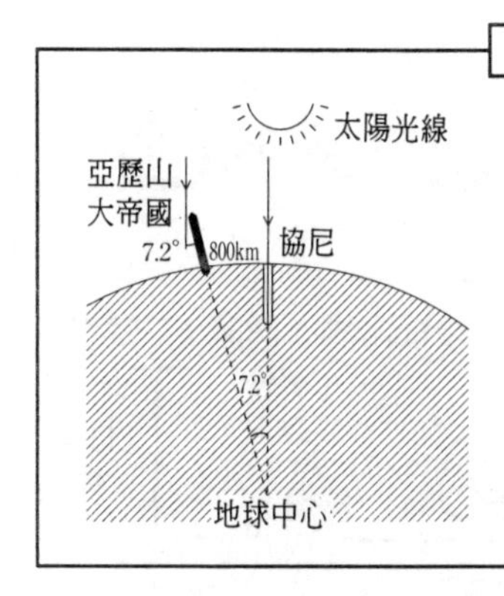

當地球 1 周為 x km 時

$800 : 7.2 = x : 360$

$$x = 800 \times \frac{360}{7.2}$$

$= 800 \times 50$　　地球的大小（周長）

$= 4$ 萬(km)　　<u>約 4 萬 km</u>

道　博士　1000m和3.2cm之比，鋼索的粗細也沒有誤差，設計上的確相當精細，但是，作業上可能會發生如「螺栓孔不合」等情況。

不過，你從何得知地球1周大約是4萬km呢？

裕　君　上數學史課的時候學到了。紀元前3世紀時，亞歷山大帝國的數學家、地理學家艾拉特斯提尼斯，發現當地高塔太陽的影子為7.2°時，太陽會移到800km遠的協尼（當時的名稱）的深水位計井上——亦即日正當中——，基於以上的計算求出數據。後來他成為亞歷山大帝國的大圖書館館長，和幾何學的歐幾里得、物理學的阿基米德等人並稱，是當時的大學者。

道　博士　你似乎愈來愈了解數學了。連地球的大小都可以利用數學計算出來，數學的確很有用，這讓我感到很高興。

猜猜看！

(1)富士號的最快速度21節，相當於時速幾 km？

(2)巨大的橋幾乎都會用粗繩建造成「吊橋」型。數學上如何稱呼這些美麗的曲線呢？

8 鎌倉與奈良大佛的約會

道　博士　鎌倉大佛和奈良大佛同時站起來，面對面以相同的速度（步幅當然不同）開步走時，會在東海道的什麼地方相遇？這真是一個很偉大的思考呢！

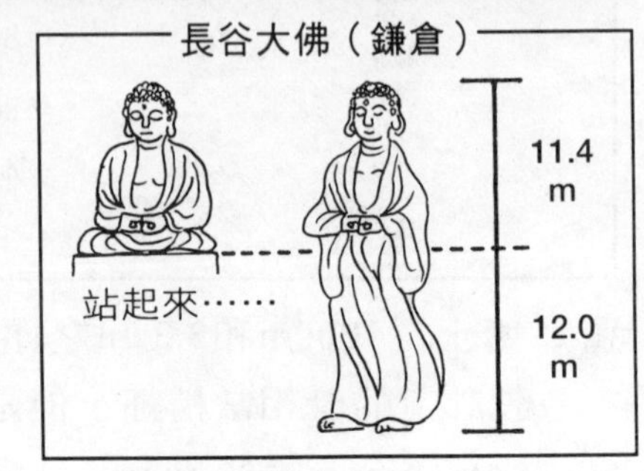

真　弓　博士有時候會想像些很奇怪的事情喔！

道　博士　這2人站起來時，腳到底多長呢？

真　弓　真是很難回答的問題。大佛是東方人，座高和腳的長度相同，所以鎌倉大佛為12m，奈良大佛為16m。

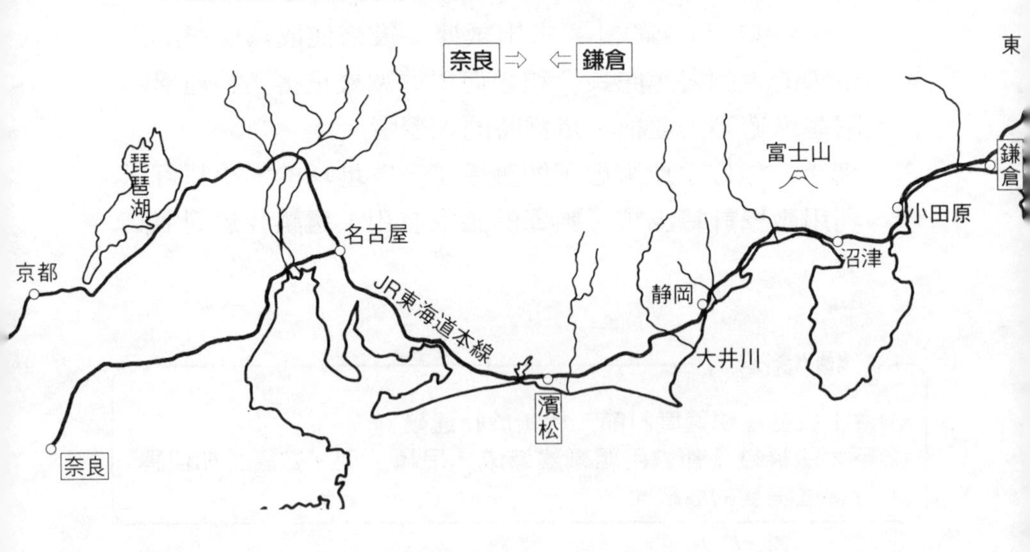

〔參考〕鎌倉大佛……1252年建造，高德院內11.36m的座像，通稱「長谷大佛」。奈良大佛……749年（曾遭遇2次火災）建造，東大寺內16.2m的座像。

道　博士　妳現在已經學會了概算的思考。

如果以腳長的比來思考，鎌倉大佛與奈良大佛的一步，應該是12：16= 3：4。

真　弓　這只是概略的計算方式。不過鎌倉和奈良之間的距離，可以沿著JR線來計算其長度。利用彎度計概略測量一下地圖上的距離吧！

彎度計

道　博士　那麼，大約是幾公里呢？

真　弓　420公里。以3：4來分配長度，就在距離鎌倉180公里處。

道　博士　那是什麼地方呢？我對此很感興趣。23m（與格列佛同樣）與32m的兩個高大男子相遇的地方是……。

2 人吃著鰻魚蓋飯

真　弓　應該是「濱松」。稍微靠近鎌倉處，可以一邊看著天龍川，一邊吃「鰻魚蓋飯」，互相閒聊鎌倉和奈良的話題。

道　博士　兩個高大男子看著大河，邊吃鰻魚蓋飯。好，就畫一幅想像的圖。數學可以使這種「幻想」成立喔。

猜猜看！

⑴這2人差幾歲？

⑵奈良大佛在49m高的大佛殿中，而鎌倉大佛則在沒有屋頂的露天場所，這是為什麼呢？

9 車輪轉1圈，奔馳距離增加為2倍的車子

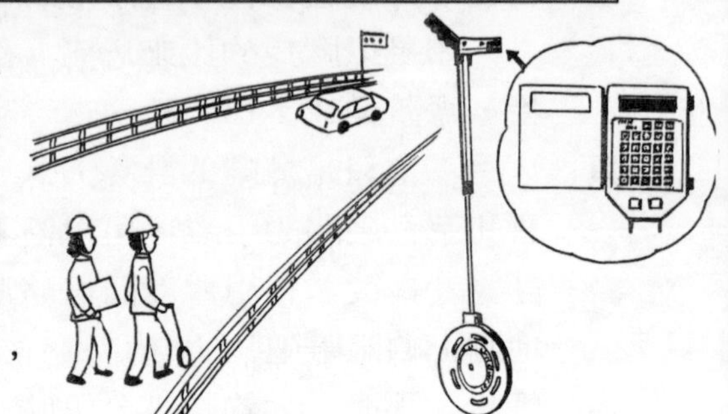

裕　君　今天走在路上看到幾個穿著工作服的人推著附帶木棒的單輪車！他們到底要做什麼啊？

道 博士　提到「道路」，那我最了解了。

如果不是要在狹窄的巷道利用捲尺、棒子等測量道路，那麼就是要處理埋在地下的瓦斯管、自來水管。在比較寬廣的車道上，為了避免車子的妨礙或造成危險，要利用車輪的轉動次數來測量距離，而且要用白油漆在地面上做記號。他們就是負責這些工作的人。

（參考）發生交通事故時，警察也會用此方式測定、做記錄。

裕　君　最近，這種儀器甚至還安裝上電腦呢！

道 博士　我想，你應該知道，跑馬拉松時測定距離，也要利用安裝測定器的自行車，騎乘在距離跑者15公分遠的道路以測定距離。

裕　君　若是一直線，只要發出激光，利用電光測定就可以了吧……。關於車輪的轉動次數，江戶時代的名人伊能忠敬發明「車輪測定」（

後半期採用更正確的步測方式）時，概測法就已經非常進步了吧！

道　博士　在4000年前古埃及建造金字塔的時候，就已經利用車輪測量距離了。例如，最大的金字塔古夫王金字塔，其底邊是1邊為230m的正方形，高146m，相當的巨大。（使用230萬個平均2.5公噸重的大石頭），底邊長與高度長的關係形成「神秘比例」。當時長度的尺度是「庫比特」，「轉一圈（旋轉庫比特）與鼓的周長（也就是車輪的周長）一致」。

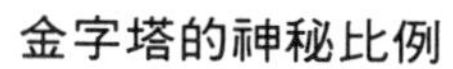

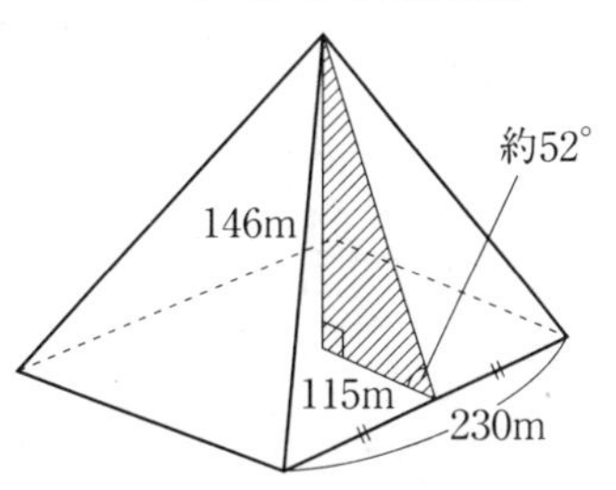

$\frac{\text{底邊的和}}{\text{高度的2倍}}=\frac{230\times4}{146\times2}=\frac{460}{146}\fallingdotseq$ 3.15 ⇨ π

(傾斜角是 51°51′14"3)

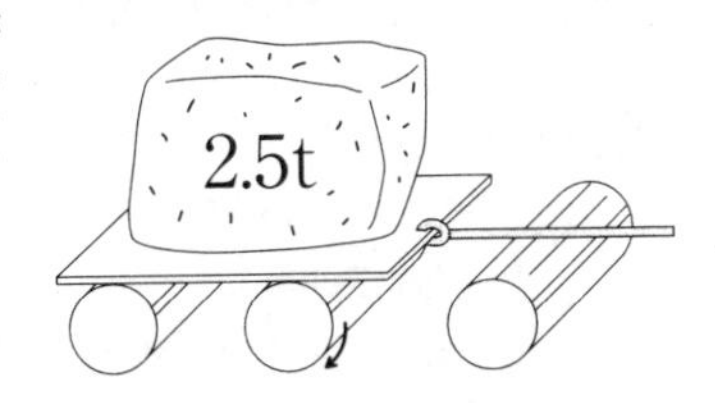

裕　君　在長度與高度的關係中「π」登場，因此可以利用測量車輪的方式來推測。

道　博士　不過，並非利用牛車搬運1個2.5公噸重的大石頭，而是利用滾動的方式。周長1m的滾石滾動1圈，石頭到底前進幾m呢？

道博士想出來的滾石汽車

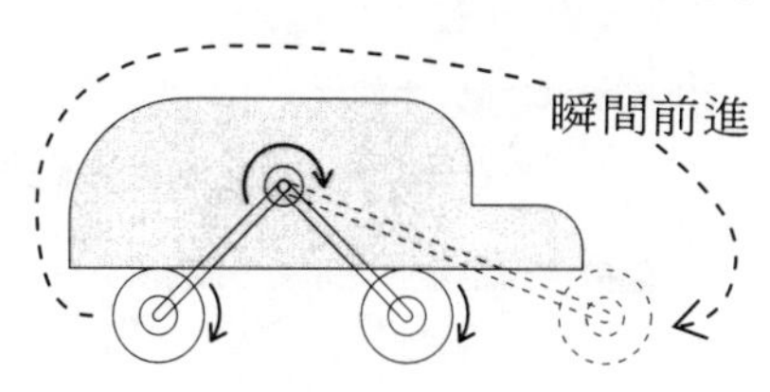

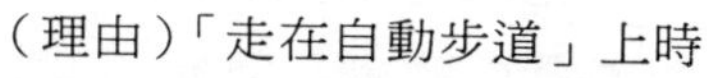

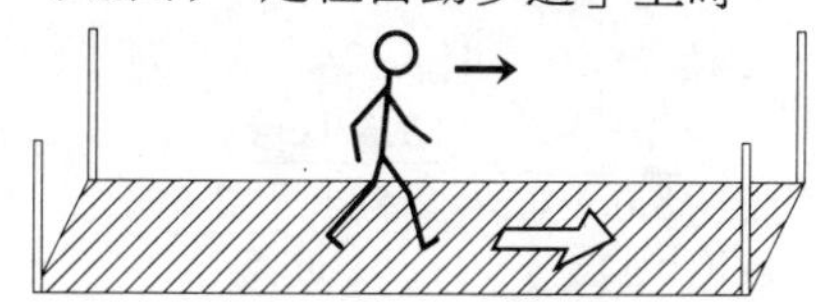

猜猜看！

⑴周長1m的滾石滾動1圈，貨物前進2m，這是為什麼呢？
⑵道博士想出來的滾石汽車，是否具有實用的可能性呢？

猜猜看！解答

1（47頁）

(1)變成以下的計算，將近2m。

$1+\frac{1}{2}+(\frac{1}{2})^2+(\frac{1}{2})^3+\cdots+(\frac{1}{2})^{99}$

(2)利用一字不漏法，一個個加以計算

$0.5+0.25+0.125+\cdots+0.0078125=0.9921875$

因此是7次。（高中生則可以利用對數計算的方式）

2（49頁）

(1)進貨價為x時

$(x\times1.3)\times(1-0.3)=0.91x$

因此店會虧損。

(2)例如100m高的大樓，看起來比面前100m長的東西更遠。此外，人站著時看起來比躺著時還高等。

3（51頁）

(1)建設大型綜合大樓、棒球場、劇場等時廁所的數目。

(2)地毯、塑膠袋、膠帶、紙門紙、捲紙、薄型鐵板等。

4（53頁）

(1)因為80：45＝24：x　所以$x=13.5$　13.5小時

(2)$\sqrt{8.0\div1.2}\fallingdotseq2.58$　約2.6倍

5（55頁）

(1)在載著大象的小船上畫出吃水線，接著用石頭代替大象放在小船上，當重量達到吃水線時，再把石頭搬出來，秤石頭的重量即可。

(2)「三角形的3個內角和必須是180°」

6（57頁）

(1)1兆。（大數字的名稱，以每4位數來計算）

(2)因為17000：300＝15：x

$x\fallingdotseq0.265$　約0.27日(6小時)

7（59頁）

(1)$1852\times21=38892$　約時速39km

(2)垂直線、拋物線

8（61頁）

(1)$1252-749=503$　503歲

(2)鎌倉在1495年發生大地震，之後又遇到海嘯，大佛殿遭到破壞，後來就一直保持原狀。

9（63頁）

(1)滾石轉動1圈為1m，滾石推著在其上方的板子前進1m，所以總計前進2m。

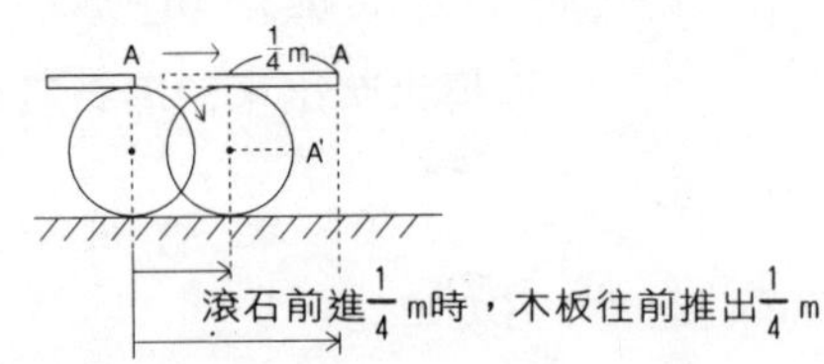

所以前進到距離原先位置$\frac{1}{2}$m的地方

(2)與李奧納多達・文西的飛機設計圖類似，理論上可以成立。但是還有動力等其他物理問題。

第 3 章

意外發揮作用的圖形與證明的話題

1　「圖(眼睛)像嘴巴一樣會說話」嗎？
2　你能畫出從車站到自宅的導引圖嗎？
3　讓秋刀魚、沙丁魚、鯛魚看起來是同樣的方法
4　巧妙的「花紋製作」與利用
5　廣泛活用「折疊」
6　「死刑無罪」的恐怖審判
7　國王建立「女人國」的計畫
8　經常使用的「逆」「未必是真的」？
9　「網路」思考的有效利用

1 「圖（眼睛）像嘴巴一樣會說話」嗎？

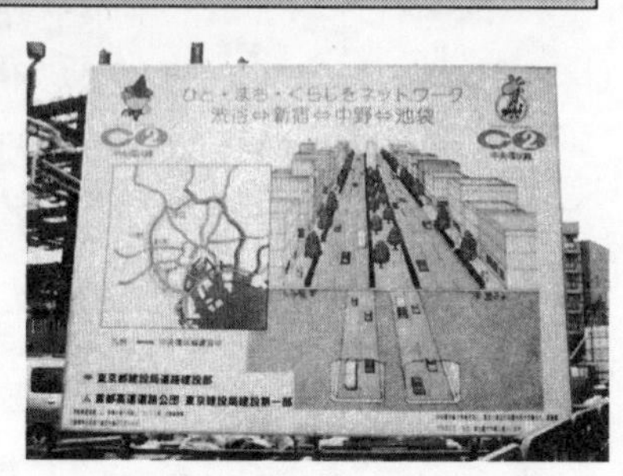

環狀 6 號線地下大工程說明圖

裕　君　博士，你知道都營地下鐵的『大江戶線』嗎？

道 博士　我啊，人如其名，非常熟悉「道路」呢！

真是非常典雅的好名稱呢！

裕　君　地下鐵工程結束，但是據說在建設地下道路時，工程延宕很久。中央線東中野車站的工地現場掛著大說明板（上），看圖就一目了然了。

道 博士　圖或記號比冗長的文字說明更容易讓人了解。

翻開數學史，在大航海時代，『計算師』藉著記號將原本使用文章書寫的冗長內容簡化，使得數學蓬勃發展。

裕　君　走在街上，四周都會有一些驚人的發現喔！

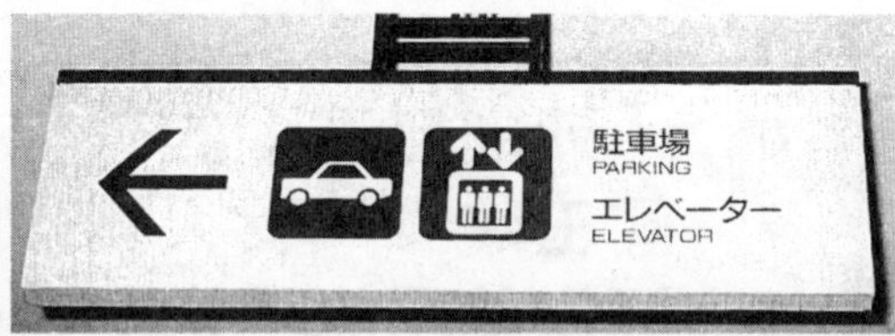

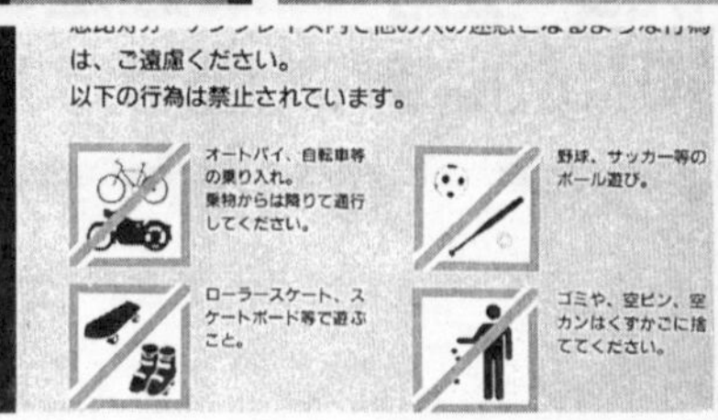

JR 線優先座記號➡

道　博士　其中數目最多且最明顯的，就是交通標誌，數學的記號分類和交通標誌的分類非常相似，來比較一下。

記號	例
要素	3, a, x
標識	π, △, ▱
操作	＋, ×, ：(比)
關係	＝, ⊥, ∽

標誌	例		
限制(紅)			通行止
指示(藍)	P	停	
警戒(黃)			
引導(綠)	142	非常電話	名神高速 MEISHIN EXPWY 入口 150m

裕　　君　先「製作成記號或圖」，然後「再加以分類」，上面兩者看起來完全相同。

交通標誌也是巧妙利用數學的構想嘛。

道　博士　像我們身邊的手機、文書處理機等，就是使用各種記號。按照使用的類型來加以分類，相當有趣而且也能夠了解其意義喔。

（大門的入口等）

猜猜看！

⑴關於數學記號表，在4個項目中各自增加2個。

⑵右上圖的「！」記號，在國外的道路上也可以看到，是屬於國際性的記號。到底是什麼記號呢？

2 你能畫出從車站到自宅的導引圖嗎？

真　　弓　之前我在著名的『中野陽光廣場』周圍散步……。看其地圖，大致可以分為：

○鐵公路和住宅都正確的地圖

○只是概略的畫出來、不太正確的地圖，這二種。

道　博士　具體說明，妳發現什麼？

真　　弓　像中野車站前的引導地形圖（右上圖）和售票台上所揭示的費用表的路線圖。

道　博士　妳的確注意到一些有趣的事情。數學（圖形）可以分類為

○正確的圖——幾何圖

○不正確的圖——拓撲圖

真　　弓　請您說明一下幾何圖、拓撲圖的意義。

道　博士　如果要深入說明，甚至可以寫成1本書，簡單整理如下。

幾何圖

車站周邊的引導地形圖

到車站

拓撲圖

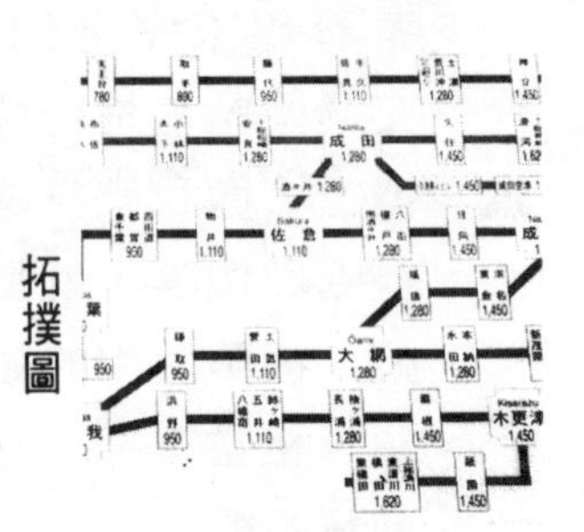

JR 的收費表

	幾何圖	拓撲圖
發生	紀元前 3 世紀時完成的幾何學	18 世紀從「7 個過橋問題」誕生的學問
形	以直線及圓為中心的圖形	除了直線之外，彎曲的線也可以
性質	長度、角度、面積、平行、三角形…	重視點與線的連接
特徵	注意計量問題（定量的）	捨棄量而研究性質（定性的）

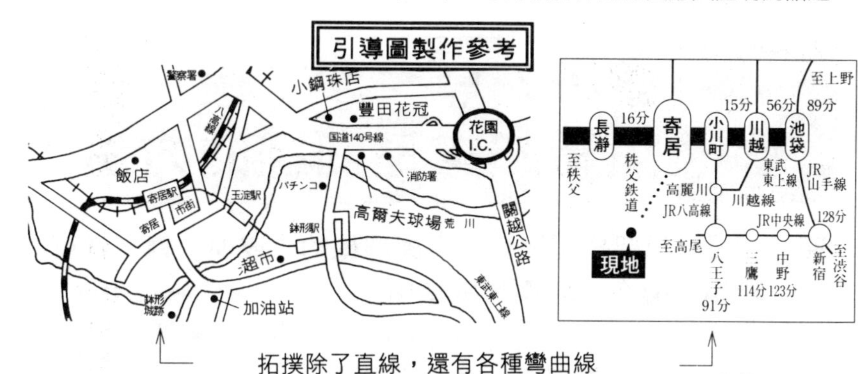

拓撲除了直線，還有各種彎曲線

經常聽人說「幼兒的圖畫是拓撲圖，而接受學校教育之後就變成了幾何圖」。

真　　弓　我已經有點了解兩者間的差異，最近的消息則是，在斯勘的納維亞的非約爾岩壁上出現了海與陸地一筆畫法的圖畫。那是距今9000年前的事情，亦即是古代人的畫。

道　博士　古老法國的洞窟、非洲的岩壁、納斯卡的地上畫等，幾乎都是拓撲圖（一筆畫法）的圖畫。不光是兒童，人類原本就喜歡「拓撲圖」。

真　　弓　用尺、圓規等可以畫出正確的圖，但那是人類文明相當進步之後的事情。

道　博士　古埃及是採用『拉繩子圈出範圍』的方式測量。這種方式就可以畫出「充滿不正確性的正確引導圖」。

猜猜看！

⑴到自宅的引導圖，最低限度需要什麼？

⑵右邊是小田急線的路線圖，說說感想。

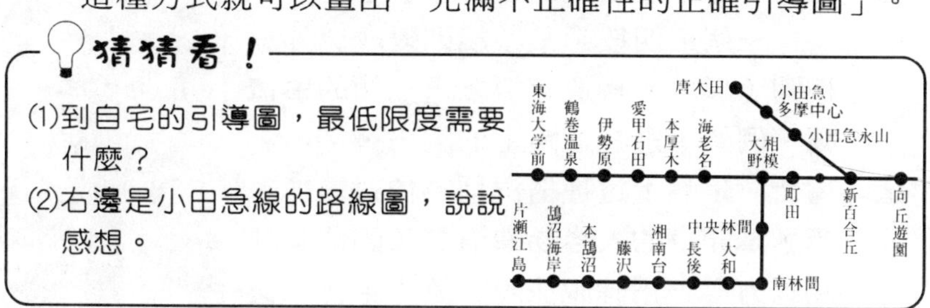

3 讓秋刀魚、沙丁魚、鯛魚看起來是同樣的方法

裕　君　只要按電腦、文書處理機的「變換」鍵，就可以變換為國字，變換是數學用語嗎？

映射 { 函數（算式）、變換（圖形）、映射（狹義）

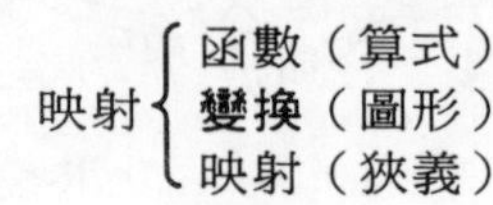

道博士　「數學用語」並不是採用「把注音符號變成國字」的簡單意義，而是「按照某種規則，將一個集合X描繪（映射）在另外一個集合Y上」的廣泛意義。這就是「函數的擴張」。

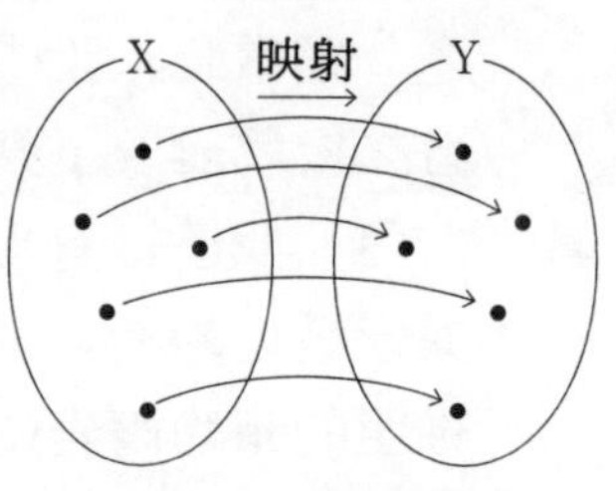

裕　君　你突然冒出一個艱澀難懂的用語，我不太了解……。

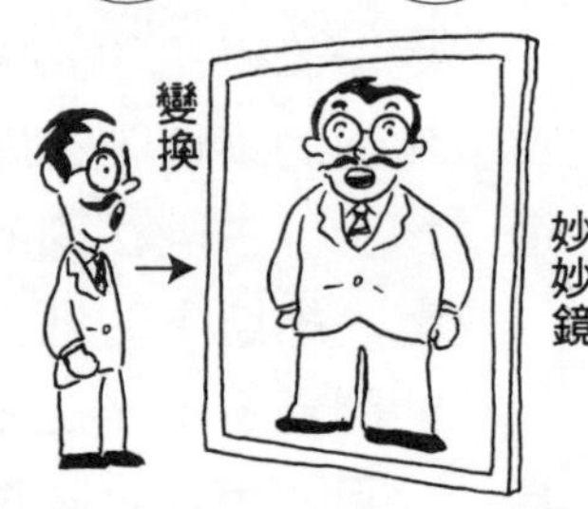

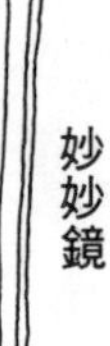

道博士　例如站在妙妙鏡（將像朝側面橫拉）的前面時，自己的身影全部（點集合的點）變換在鏡子上，映照出另外一種不同的姿態，亦即（X→Y）。

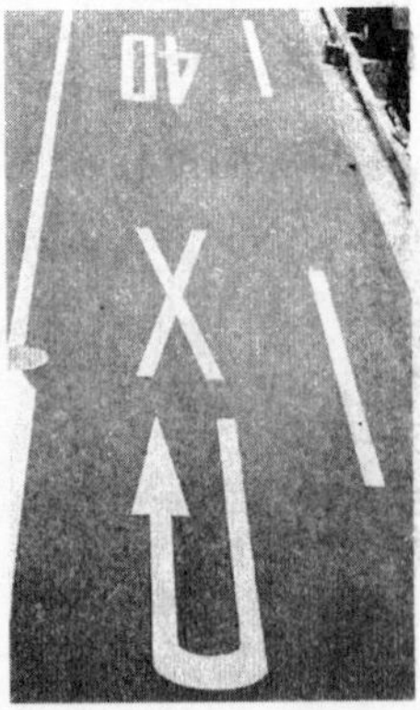

裕　君　喔，這樣說明我就了解了。

　　一個東西按照某項規則變成另外一種圖（形）。身邊有很多這一類的事情嘛。例如，畫在道路上的圖……。

道博士　是啊！這種情況稱為仿射變換，為了讓開車的人容易看清楚，因此延伸為長方形，正確說法應該是「平行四邊

形的變換」。

裕　君　啊！我突然有了靈感。提到巧妙的延伸，我想到另外一種作法。

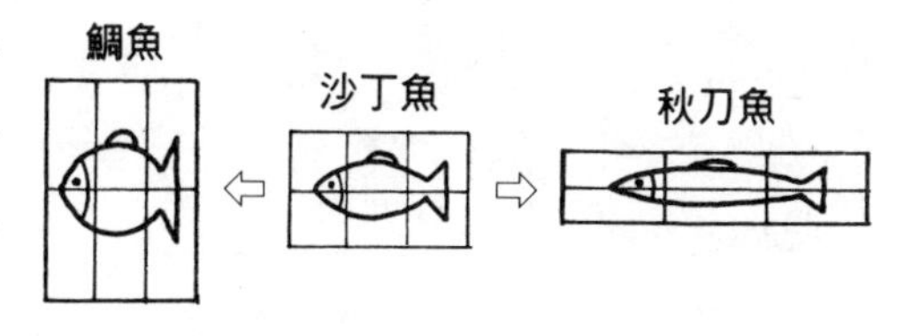

道　博士　雖然有點牽強，不過你的確做得不錯。以這樣的觀點來看，也可以按照變換的思考統一整理「看起來形狀不同的東西」（例如樹葉或動物的頭蓋骨等）。

裕　君　但是，我們所說的變換有各種不同的情況吧？

道　博士　上面的圖應該是「將光由上方對準畫在網眼上的圖移到下方的紙上」（移動圖所有的點），以這樣的思考方向來整理，就會變成以下的情形。

裕　君　不光是全等或相似，利用「光與影」甚至也可以讓它們變成同一類呢！

接受面／光線	平　行	傾　斜	各種情況
平行光線	合同變換（原圖、變換圖）	仿射變換	拓撲變換（拓撲學）
點光源	相似變換	射影變換	

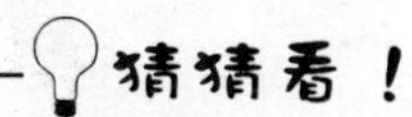

(1)請列舉射影變換的具體例。

(2)將英字字母的粗體字按照拓撲學的方式分類。

4 巧妙的「花紋製作」與利用

道　博士　社會上的確會發生一些機率幾乎等於0的莫名其妙事件或意外事故。

在高速公路，甚至發生排水口的鐵蓋彈跳起來打中轎車，結果駕駛死亡的事故。

鐵蓋彈跳起來

死亡事故後又發生事端

波及高級轎車

真　弓　真是令人難以想像。

道　博士　高速公路維修隊，花了一週的時間，總檢查5萬個鐵蓋。

真　弓　在一般的道路上，也可以看到「排水口的鐵蓋」，也就是「人孔蓋」。

坊間甚至有以『人孔蓋為什麼是圓的？』為書名的書，還掀起話題呢！

道　博士　當時，我也拿著照相機去找尋人孔蓋，拍照蒐集資料。有正方形、長方形，不過通常都是圓形的。

真　弓　哇！連表面上的花紋都注意到，真的很有趣呢！似乎具有避免人或車等打滑的作用。

道　博士　基本上，是採用「貼磁磚」的數學方法製作花紋、圖案。

真　弓　貼磁磚的基礎形狀應該是正方形、正三角形，將其大小組合起來，或進行不改變面積的變形……。

步道的花紋（德國）

壁面的圖案（土耳其）

道　博士　如右圖，不改變面積的圖形的變形稱為等積變形，可以利用很多方法製造出各種形狀，非常有趣哦！

等積變形

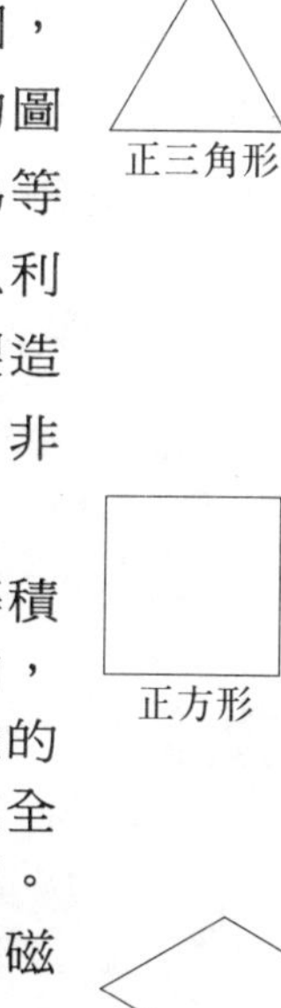

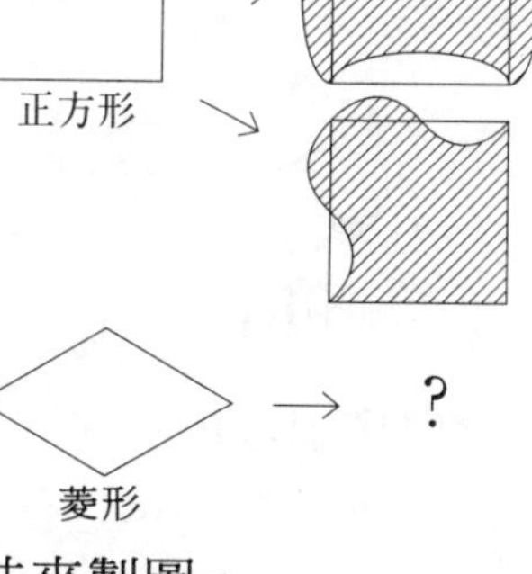

魚

狗

鳥

真　弓　因為等積變形是全等的，所以就算複雜的形狀也能夠完全填滿整個平面。亦即所謂「貼磁磚」的方式。

下一次刺繡時，我也用這種方法來製圖。

猜猜看！

(1)為什麼人孔蓋是圓形的？

(2)畫出以菱形為基礎的等積變形圖，同時說說看三種排列起來變成「花紋製作」的移動法。

5 廣泛活用「折疊」

道　博士　大眾傳播媒體綜合研究所發表2001年度上半期國內手機終端的出貨狀況，發售「折疊式i-mode」的公司，市場佔有率從第2名躍升為國內第1名。

裕　　君　「短、小、便宜」的時代已經到來了嗎？

手機折疊起來變得比較小，所以受人歡迎。

道　博士　事實上，在我們身邊，像生活器具、機械等，很多都是「折疊」式的。我們2人來比賽，看看誰能夠舉出較多的例子。你先舉一些身邊的例子吧！

道　博士　你的確舉出很好的例子，社會上已經開始要求小而簡便的東西。這一類的東西還真多呢！

裕　　君　在運動道具方面，像救生艇、降落傘、帳棚等都是。走在街上時，搬運、修理等工程或建設相關的強力機械都在運轉著呢！

裕　　君　「折疊」式機械非常多，到底可以分類幾種呢？

電線修理機

挖土機

貨物升降機

道　博士　這要看你從哪一個觀點來看。

裕　　君　從數學的觀點來看，以平行四邊形為基礎的東西最多，所以數學在這一方面也有幫助呢！

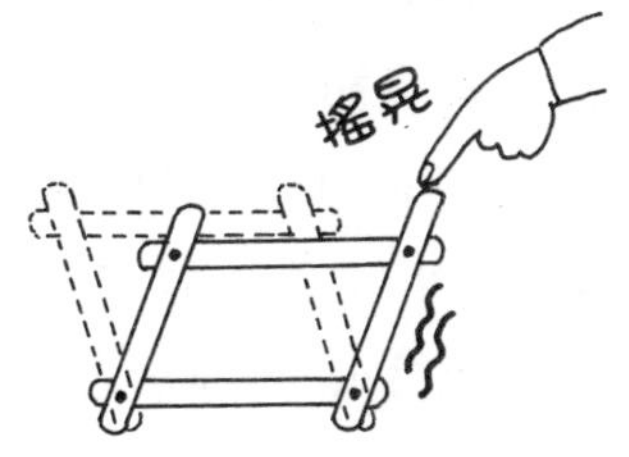

道　博士　三角形比較堅固，因此，使用在建築鐵塔、鐵橋上。平行四邊形的搖晃型比較不方便，但有時也能發揮效果。

裕　　君　差點忘了最棒的東西，那就是太空船的太陽電池翼（著名的「三浦折」）。

　　的確是很棒的構想。

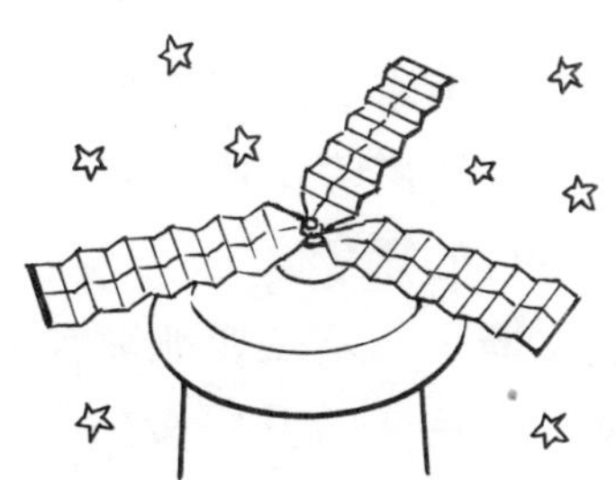

猜猜看！

⑴「折疊」式的零件或器具等，是利用平行四邊形的何種性質？

⑵請說明貨物升降機升降貨物的構造。

6 「死刑無罪」的恐怖審判

真　弓　今天早報出現一個讓我覺得驚訝又有趣的消息。

道博士　到底是什麼報導能夠引起妳的關心呢？

真　弓　就是這個（右邊的報導）。

原本被處以絞首之刑，過了309年才說「唉！當時審判錯誤，事實上應判無罪」，但是事情已經無法挽回了。

道博士　在昔日革命、戰爭的混亂時期，經常發生很多到了後世才認為「當時弄錯了」的情況。

「魔女」5人、309年ぶり名誉回復

米マサチューセッツ州

裁判で絞首刑の女性
州法上やっと無罪に

【ニューヨーク2日＝山中季広】米マサチューセッツ州セーラムで17世紀にあった魔女裁判で絞首刑にされた女性5人が、309年ぶりに無罪とされた。「元魔女たち」の子孫から申し立てを受け、5人の無罪を法的に確定させる州法が10月31日に発効した。

セーラムの魔女狩りは1692年に始まった。占いに熱中した少女たちの幻覚が発端で、数カ月の間に魔女の疑いをかけられた200人もの市民が投獄された。法廷での少女の失神や悲鳴など理不尽な証拠をもとに男性を含む二十数人が死刑とされた。

無罪が宣告されたのは、絞首刑で亡くなったスザンナ・マーティンさんら女性5人。地元議会は1711年以降、魔女とされた人々を無罪とする特赦令や州法を何度か制定したが、この5人だ

（2001年11月9日朝日新聞）

真　弓　日本戰後的審判，很多都是沒有物證，而是以嚴刑拷打的方式逼供，做出「死刑」的判決，經過50多年後再審，結果獲判「無罪」。但是，已經90多歲的人，就算恢復自由之身，也是非常可憐。審判到底是如何進行的呢？

道博士　若是要概略整理成系列，應該按照以下的順序。

真　弓　這就好像數學的「樹形圖」，排列得井然有序，

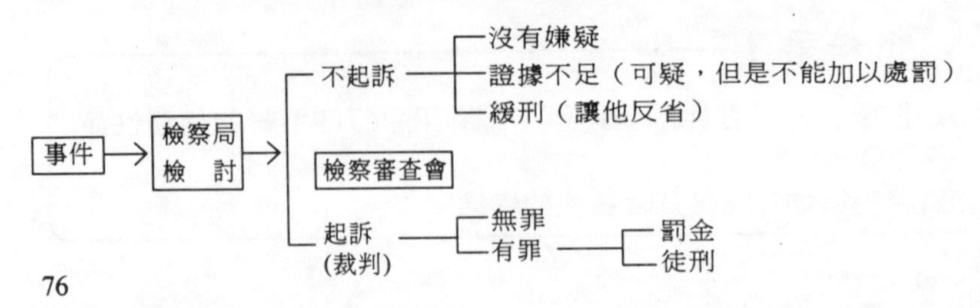

在最高法院進行審判辯論

注意「死刑」判斷

但是，為什麼會引起誤審呢？

道　博士　這就和數學（幾何的證明）同樣的。

公理（憲法）⇨定理（判例）⇨問題（事件）⇨證明（結案陳詞）⇨斟酌（解說）

不同的法官會有不同的判決，的確非常奇怪，但實際上，不論是地方法院、高等法院、最高法院，都可能會出現不同的判決，要由最高法院進行檢討。右邊是該內容的「標題」，不過最高法院的判決則是由檢察官針對以下三項進行檢討。

①一審盡量避免判死刑

②被害人為1人，則盡量不要判死刑

③死刑與無期徒刑的界線劃分法或無期徒刑的判決法

真　弓　我看過一本書敘述古希臘的審判甚至有「雖說是死刑但是無罪」的矛盾情況。

道　博士　這完全吻合今天的話題。是什麼樣的故事呢？

真　弓　他們的法律是讓被判死刑的囚犯說最後一句話，「正確則判斬首之刑」「錯誤則判絞首之刑」。有一次，一位非常聰明但是很狡猾的死囚說了最後一句話：「請判我絞首之刑。」你猜，結果法官是如何判決的呢？

猜猜看！

(1)日本的死刑、無期徒刑，大約服刑17年就會被釋放出來，和死刑有很大的差距，因此，又提出了某項提案。請問是什麼樣的提案呢？

(2)請思考一下上面的矛盾。（絞首比斬首的罪更重）

7 國王建立「女人國」的計畫

裕　君　博士！你知道這個故事嗎？

某個國家有位非常任性、懦弱而且又好女色的國王。

他每天都擔心「男部下會殺了我」「家臣可能會發動內亂，把國家弄得大亂」，為此煩惱不已。於是叫來頭腦聰明的心腹，和他商量「有沒有能夠讓自己安心的方法」。

道博士　現在，浮現在我腦海中的是獅子、海狗或猴子，都是被「雌性（女性）圍繞的和平國家」。那個心腹如何回答呢？

裕　君　你真厲害耶，他的建議就是不要讓男性存在，把國內的男性全都殺掉。所以，要花點時間來計畫。

國王頒佈「不可以生男孩」的命令，亦即「今後只要是生女孩，則生幾個都可以，但是，生下男孩之後就不可以再生孩子了」。

道博士　不錯。若是女孩，可以盡量生，而生了男孩之後就不可以再生了，這是非常溫和的政策，這樣就能夠誕生理想的「女人國」。國王一定沾沾自喜吧！

裕　君　但是經過幾年之後還是無法變成「女人國」，於是叫來了聰明的數學家，命令他們「解開這個不思議之謎」，這時終於輪到數學登場了。

道博士　好吧，那就說說看你的數學利用法。

裕　　君　範例就是

①例如，有8對新婚夫妻A～H

②以生出男女的比例1：1（實際上男孩稍多些）為前提，建立以下的樹形圖。

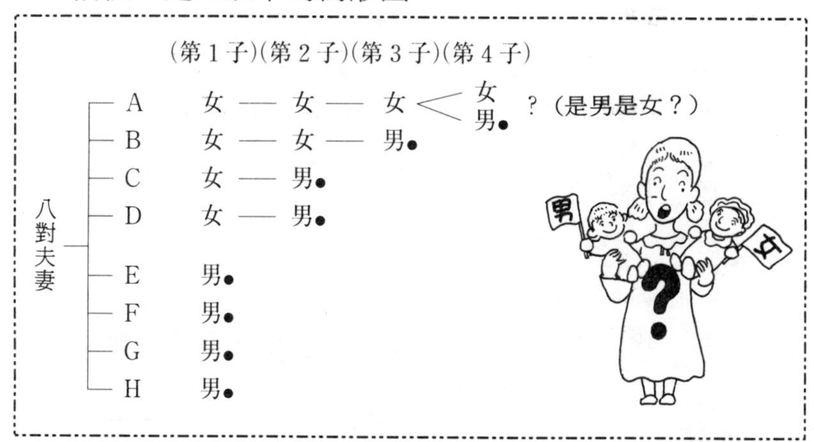

道　博士　這的確是淺顯易懂的圖。

裕　　君　博士，你別佩服我，你看看男女的人數。

道　博士　包括？在內，男生、女生各有8人。

咦！數目相同耶！這樣永遠無法成為「女人國」了。今天可被你戲弄了，我也要考考你一個母子的難題。

「母親帶著小孩到河邊洗衣服，就在母親沒注意的瞬間，鱷魚抓住了小孩，母親要求鱷魚把小孩還給她。鱷魚說『如果你能猜中我現在想要做什麼，我就把小孩還給妳』。你猜，這位母親說了什麼？」

猜猜看！

(1)按照範例，針對10對夫妻進行相同的調查。
(2)母親對鱷魚說了什麼才救出自己的孩子呢？

8 經常使用的「逆」「未必是真的」？

真　　弓　俗話說「逆未必是真的」，那麼「逆」到底是什麼呢？請您告訴我這在數學上算不算是重要的內容呢？

道　博士　那麼，我就從介紹數學用語開始吧。

> 逆九九、逆算、逆數（反數）、逆元、逆比（反比）、逆函數（反函數）、逆C尺、逆矩陣、逆映射、逆平行、逆思考、逆理（悖論）

還有很多專門說法，不過初級程度就是以上的內容。

真　　弓　我大概知道逆算或逆數、逆理，其他的就不知道了。「逆」在數學上很重要嗎？

道　博士　簡單的說

○ 逆比就是反比的意思

○ 逆函數就是指數函數與對數函數的關係（高中會學到）

○ 逆元、逆數、逆平行請參照右表。

其他的就自己查查看吧！

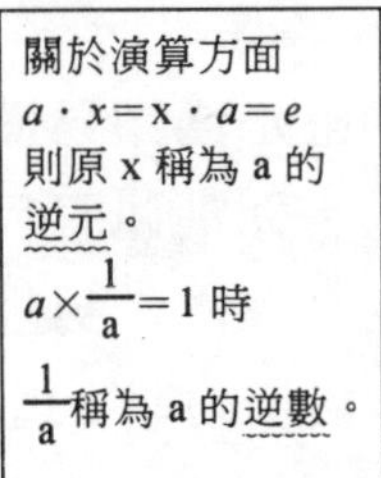

關於演算方面
$a \cdot x = x \cdot a = e$
則原 x 稱為 a 的逆元。
$a \times \frac{1}{a} = 1$ 時
$\frac{1}{a}$ 稱為 a 的逆數。

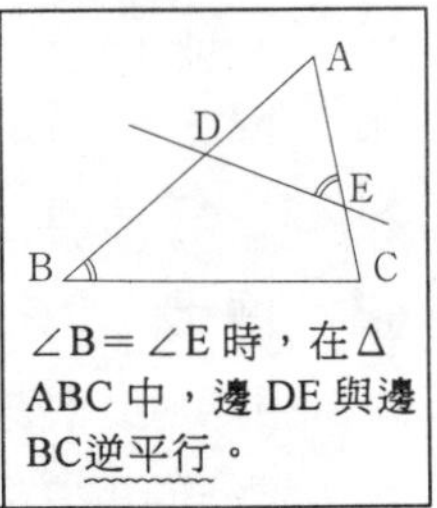

∠B＝∠E時，在ΔABC中，邊DE與邊BC逆平行。

真　　弓　換個話題，如果單純的處理我們日常的會話或一般社會上的問卷調查等，就會變成

「喜不喜歡○○？」「不」

「啊，那你討厭他囉？」會有這樣的發展，不過有點奇怪。

道　博士　這時認為「喜歡的否定」就是「討厭」，但事實上不見得如此(參照右表)。不過像輿論調查等，妄加判斷不明確的問題就會出現很奇怪的結論。談話是「無罪的內容」，但若是大眾傳播媒體的輿論調查，那就一定要慎重的判斷結果。

真　　弓　關於否定，例如命題 p→q（若p則q）中，也可能出現逆、背面、對偶等的字眼，這在以前就學過了，也出現最著名的說法。

逆的相反不見得是背面

道　博士　不光數學，生活上也會有某個事情的逆（相反，反過來的意思）是正確的，因為往返自由，使用起來非常方便，所以人們經常使用逆，但是「這很危險」。

真　　弓　我的確常用「逆」。

「若是晴天就舉行慶典」的逆說法就是，

「若舉行慶典則表示是晴天」但是，下雨天也可能舉行慶典啊！

喜歡的否定 → 討厭 / 不喜歡也不討厭 / 不知道

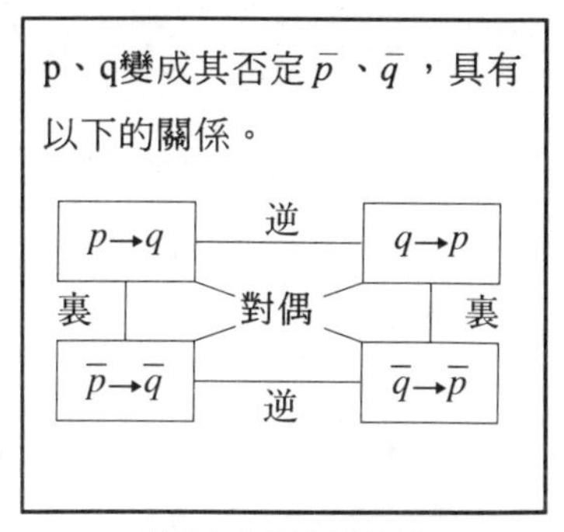

逆不見得很順利

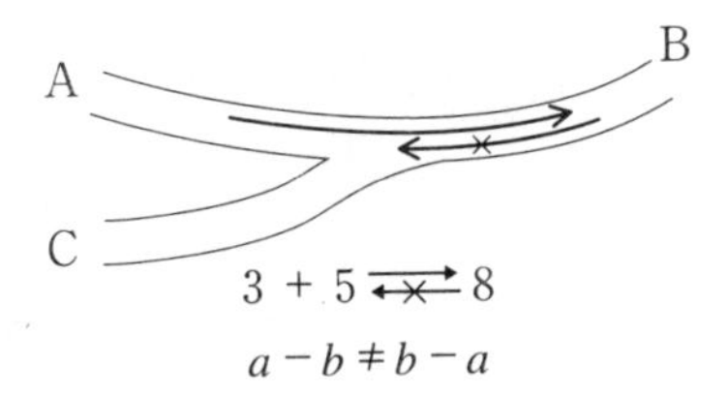

$y=x^2$的逆函數

$y^2 = x$ 所以 $\begin{cases} y = \sqrt{x} \\ y = -\sqrt{x} \text{ 不成立} \end{cases}$

$y = x^2$　$y = \sqrt{x}$　$y = -\sqrt{x}$

猜猜看！

(1)舉出逆不成立的圖形。

(2)舉例說明「對偶一定是真的」。

9 「網路」思考的有效利用

裕　君　最近經常在大眾傳播媒體、雜誌上看到「網路」這個字眼，基本上到底是什麼呢？

道　博士　舉身邊的例子來說明。

·抽大頭時，路線會各別分開的理由

·繩子戲法巧妙的理由

·解迷宮，有很多，你可以想到幾種呢？

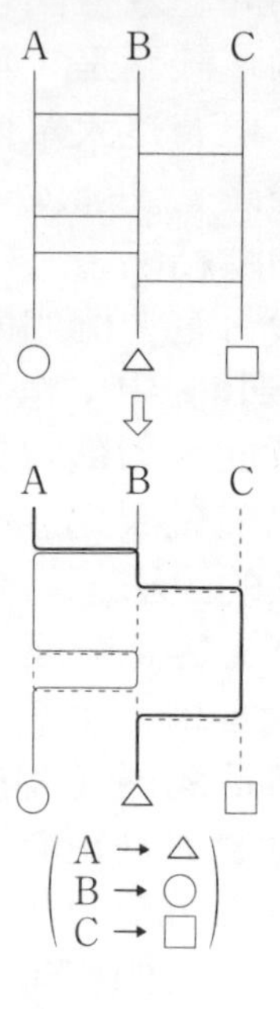

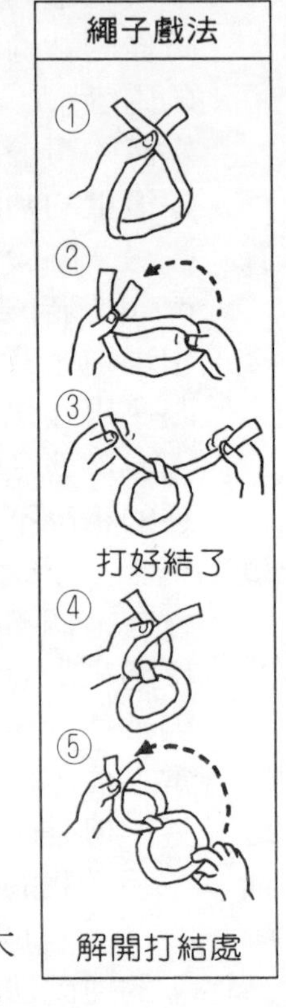

裕　君　電的配線或高速公路的立體交叉等，都是現在社會不可或缺的構想。

這些思考都能成為數學學問嗎？

道　博士　20世紀時，誕生於第2次世界大戰的新數學『作戰研究』（簡稱OR），其中一個範圍就是「網路理論」。亦即

○ 本店與分店，工廠與銷售店的通路

○ 自助店商品的排列

○ 房間的家具等的配置（亦即動線）

○ 電腦或人造衛星的配線

等，現代社會有部門都有效運用網路的構想。

立體交差

裕　　君　以綜合的眼光來看，就是「連接點與點的線的研究」。也就是拓撲學(68頁)的一部分。

道　博士　網路具有利用電腦完成配線以及連接工廠與銷售店之間的通路（花點工夫，就可以減少幾輛卡車）的實用性。但這些都是以平面為主，擴大來看也可以利用在高速道路的立體交叉或5萬人的球場、10萬人的煙火大會等結束後立體的誘導途徑，的確對社會很有幫助。

拜訪 9 戶人家

裕　　君　最近在報紙上看到『推銷員的巡迴問題』。想服務一些住家或都市，但是又不會在道路順序上造成浪費。（最好不要重複走相同路線）

道　博士　今後「網路的思考」將被更廣泛的用來解決社會問題。

雖說是最新內容，但是江戶時代的數學中也有『撿東西』（右下圖）的猜謎，大家都玩得很盡興，可以說是既古且新的數學。

猜猜看！

(1)從◎開始拜訪9戶人家，要沿著線巡迴所有的住家。

(2)在『撿東西』遊戲中，從①開始沿著線將20個棋子全都撿起來。

（註）(1)、(2)都不可以跳過或重複。

排列成井字型的棋子

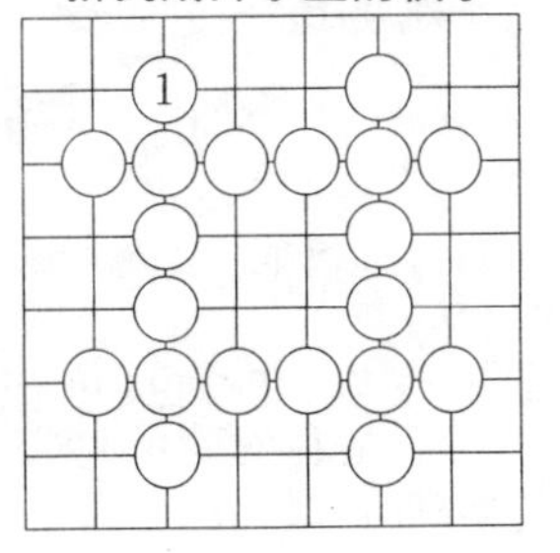

猜猜看！解答

1（67頁）

(1)要素 $-\frac{5}{8}, b$　標誌 $\therefore, \ i$

操作　$-, \sin$　關係　$/\!/, \equiv$

(2)提醒「大家注意」

2（69頁）

(1)轉角、大的目標以及從某個位置到上方事項為止的距離、方向等。

(2)可以捨棄路線的弧度和車站間的距離，但是，一定要清楚的標示車站的順序以及轉乘的車子等。

3（71頁）

(1)利用燈泡形成自己的影子及其他。

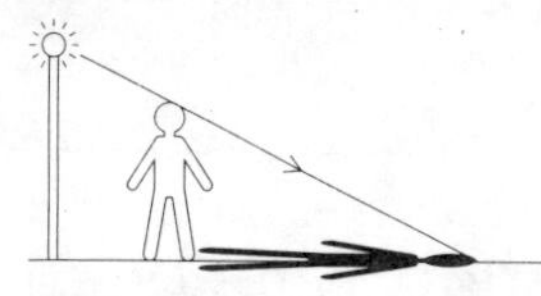

(2)一…C I J L M N S U V W Z
T…E F T Y, ㅈ…G K X
O…D O

4（73頁）

(1)正方形、長方形的蓋子，擺成直的或放入對角線中，就能夠輕易的放入孔中，而圓形就放不進去了。

(2)（例）魚

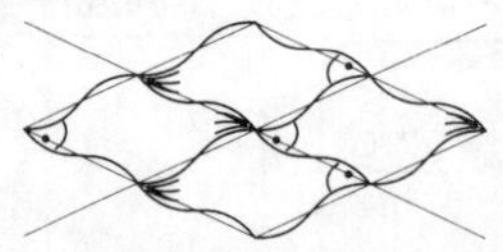

平行、對稱、旋轉3種移動法

5（75頁）

(1)不改變4邊的長度但可以朝上下左右變形的性質。

(2)參照下圖

6（77頁）

(1)美國等的終身監禁制度

(2)去思考「請判我絞首刑」這句話到底正確還是錯誤，這本身就是一種錯誤的作法。

（參考）「飛躍滑雪」是從挪威國王讓罪犯（死囚）從雪山上往下跳，生還就獲判無罪而衍生出來的一句話。

7（79頁）

(1)利用右表調查。男生10人，女生10人。

(2)「你正打算吃我的孩子」

8（81頁）

(1)「菱形的對角線呈直角相交」，反過來說則是「對角線呈直角相交的圖形是菱形」，不過這是錯誤的說法。像右邊的風箏形就是反例。

(2)$(p \to q) \Leftrightarrow (\overline{q} \to \overline{p})$
從右邊的關係圖來看，「人一定會死」→「如果不死就不是人」

9（83頁）

(1)

(2)

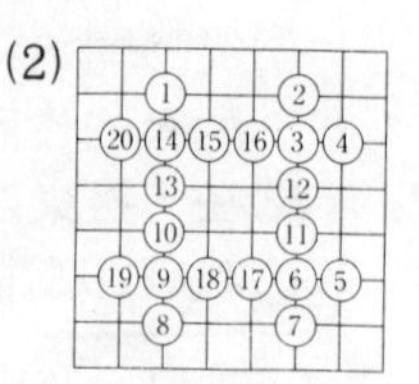

兩者都還有其他的解答

第 4 章

意外發揮作用的函數、關係與圖表的話題

1 旅行時看到的美麗建築的數學分析
2 何謂「糧食是算術級數，人口是幾何級數」
3 遠古遺跡、遺物的年代推測與誤算
4 古代『不可洩漏之數』及其後的利用
5 災害預測圖與「探索地震的原因」
6 再次探討「代用品」的日常利用
7 「來世你要當男生還是女生」的時代變遷
8 「不得爭論」可以用圖表來說明
9 「只要增殖就會增加」不見得是成「正比」關係

1 旅行時看到的美麗建築的數學分析

裕　君　博士到過世界30多個國家旅遊，我想應該看過很多「令人感動」的建築吧！

道 博士　沒錯。身為數學家，雖然不是老王賣瓜，自賣自誇，但就像「金字塔是正四角錐」為代表一樣，在分析建築的形狀時，很多都是以數學的方式來表現。

裕　君　到底是已經完成的建築具有數學性，還是人們以數學為基礎來建造這些建築呢？

道 博士　像著名的艾菲爾鐵塔等，據說是按照鋼筋構造的力學原理來建造的，結果腳的曲線形成了美麗的指數曲線（$y=a^x$）。

艾菲爾鐵塔(巴黎)

裕　君　圍繞日本城堡的石牆，其所形成的曲線也是指數曲線嗎？真的很美。

哪些建築會利用不斷往上延伸的曲線？像「螺旋式」的「螺蛇建築」也不錯。

道 博士　10幾年前，我曾造訪伊拉克（當時是被當成人質）我看到了據說是仿造舊約聖經中所記載的『巴貝爾塔』的建築「螺蛇尖塔清真寺」。「塔依照螺蛇狀往上延伸，通達於天」。

螺蛇尖塔清真寺
（伊拉克薩瑪拉）

裕　君　在現代社會，螺蛇是公寓大樓、辦公大樓、飯店等外側不可或缺的逃生梯。

支撐型

吊橋型

道　博士　不過像鐵橋等，則有2種支撐橋的方法。大致可以分為「支撐型」與「吊橋型」。

裕　　君　都是拋物線，亦即二次曲線，$y = ax^2$。

道　博士　吊橋型通常被稱為懸鏈線，不過伽利略則認為這是拋物線。所以，現在將其視為是拋物線。

摩天輪（橫濱港）

裕　　君　大都會的建築（大樓）有長方體、圓柱、球形、拋物線形等各種形狀。

道　博士　其中最棒的傑作，我認為應該是巴黎郊外的新興都市『拉迪芬斯』。在那兒到處林立著你所說的立體形狀的大樓。

19世紀法國畫家塞尚曾說過以下的名言。

「自然是由圓柱、圓錐、球構成的。」

裕　　君　這個立體以及製造立體的曲線（若是圓錐則是圓錐曲線）形成世間的建築，這或許也可以說是一種結果吧！廣義來看，數學的確有幫助。

猜猜看！

⑴為了防止大型寺廟的屋頂漏水，因此屋頂做成曲線。這是如何建造出來的？又稱為何種曲線呢？
⑵圓錐曲線是指直圓錐以平面切開時所形成的曲線。如此一來會變成什麼樣的曲線呢？

2 何謂「糧食是算術級數，人口是幾何級數」

真　弓　20世紀先進大國之間的大規模「經濟戰爭」終於結束，令人鬆了一口氣，而21世紀開發中國家又發生了局部的「民族、宗教戰爭」。為什麼人類一直都無法停止相互殺戮呢？真討厭。

道博士　「殺戮」這種愚蠢行為從古代持續到今日，我已經對此感到絕望了。

真　弓　「戰爭」的原因不外乎是領土、經濟、民族、宗教、思想等，不過追根究底應該是糧食問題吧！

道博士　目前世界的人口有60多億，1萬年前不到1億人。像日本，在江戶時代為3000萬人，現在則為1億2000萬人，這段期間內人口增加4倍，糧食除了米之外，幾乎無法自給自足。一旦發生狀況，就會陷入飢餓狀態。

真　弓　我想起來了，著名的經濟學家曾經說過：「糧食是算術級數，人口則是幾何級數」。這個說法很有趣，所以我記憶深刻，不過我仍不太了解真正的意義，請您告訴我吧！

道博士　只要用圖表來表示，就可以一目了然了！

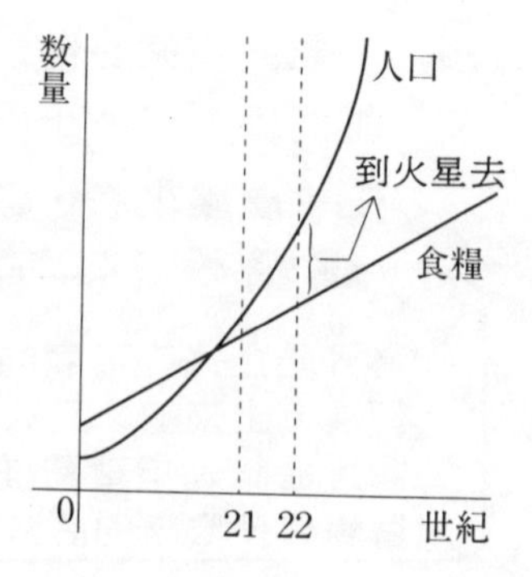

不久之後，就會出現全球性的糧食危機。現在大家認真的研究火星，調查人類是否可移居到火星上。

人類經歷過幾次戰爭，但是

仍然會面臨危機。

真　弓　博士，請談談級數的話題吧！

道博士　沒問題。

算術級數	幾何級數
等差級數（差一定）時	等比級數（比一定）時
（例）$1+4+7+10+\cdots\cdots+(3n-2)$	（例）$1+3+9+27\cdots\cdots+3^{n-1}$
初項1，公差3，	初項1，公比3，
所以$1+3(n-1)$	所以$1\times3^{n-1}$

真　弓　可以看成是「加法」與「乘法」的關係。和郵局與銀行等單利法、複利法的差異非常類似。

道博士　說的沒錯。現在利息為A，利率為r，期間為n，則本利合計S，算法是

單利法

$S=A(1+rn)$

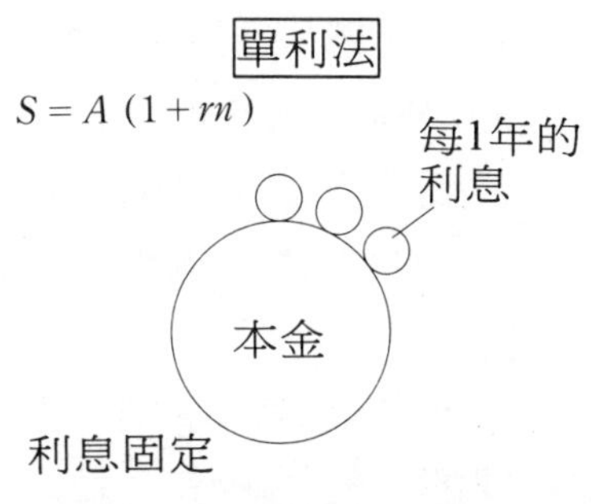

複利法

$S=A(1+r)^n$

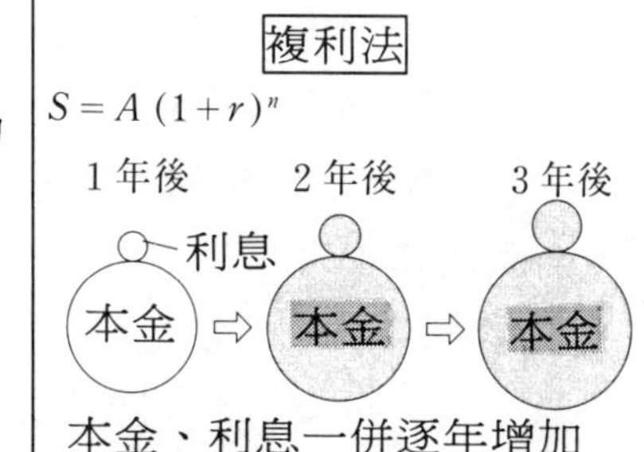

真　弓　也就是說，單利法是一次函數（比例）$y=ax$，而複利法則是指數函數$y=a^x$。

如果以數學來表現世界上的事情，例如人口、糧食、金融等，就會比較容易了解。

猜猜看！

⑴日常生活中，到底是如何使用「算術」「幾何」這些詞彙呢？
⑵如果零用錢採用「1年內每個月拿1萬圓」和「1月拿100圓，2月拿200圓，……一倍一倍的增加，拿到12月為止」，何者所得較多？

3 遠古遺跡、遺物的年代推測與誤算

裕　君　「改變日本的遠古史！」這個話題引起騷動，各地挖掘出來的古物刊載在高中教科書上，不過有些卻出現「假冒的遺物」，形成很大的問題。讓人失望。

道　博士　若以科學的方式仔細調查，應該就不會發生這種情況了……。

裕　君　『考古學』這門學問相當古老。

這個研究一定需要借助數學的函數、統計、機率。所以數學對這個世界真的貢獻很大呢！

道　博士　『考古學』（archacology）感覺上是很古老的學問，不過實際上它卻是近代的學問。始於18世紀德國人賓開爾曼所發行的『西洋古代美術史』（1764年），他被譽為「考古學之祖」。所以，考古學是誕生於18世紀的學問。

裕　君　真令人感到意外，它居然是最近的學問，而且還是德國人所發明的呢！在數學的計算、數表、統計、微積分上，日耳曼民族都非常的踏實努力，只要是運用耐性方面的東西，他們都相當投入。

考古學似乎也需要「腳踏實地，努力經營」。

道　博士　到目前為止，這門學問總共歷經了3期。

形成期（1760～1880年）

調查挖掘現場

確立期(1880～1930年)

發展期（1930～現在）

考古學的定義是「處理關於人類過去遺留下來的物品的學問」。也可以說是一種帶有「夢想」的學問，所以當然要有耐心。

挖掘品的年代測定法

- ○放射性碳14（存在比例）
- ○X射線放射（X光片）
- ○DNA鑑定（生物的設計圖）
- ○樹木年輪數（年輪年代）
- ○地層的分析（泥層齡）
- ○脂肪酸分析（環境解析）
- ○熱聯想法（理化的年代決定法）
- ○地磁年代學
- ○其他

裕　君　從遠古遺跡挖掘出來的遺物等，可以推測遺物的年代。

道　博士　目前所使用的方法如上表所示。

只要知道是從哪一個地層挖掘出來的，就可以推定遺物等的年代。

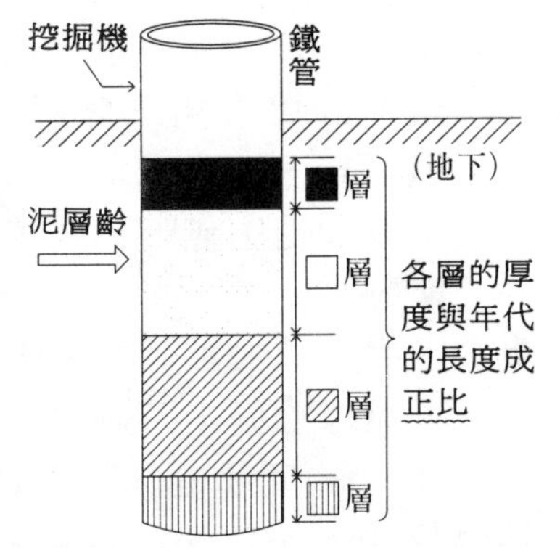

裕　君　外行人也能夠了解年輪、地層。這是非常簡單的數學問題。

道　博士　樹木的種子、葉子、花粉以及昆蟲、動物的骨骼等的DNA鑑定，都是有力的證據，信賴度極高，這也算是一種圖表。

考古學大多採用類推、歸納等方式，不過「以10萬年為單位，1%的誤差就會產生1000年的差距」的危險。

猜猜看！

(1)紀元79年，義大利小都市龐貝城被維斯比奧火山灰埋沒，而挖掘出遺跡是在『考古學』誕生前還是誕生後？

(2)從土中挖掘出中國西安的兵馬俑等遠古遺物。1年會堆積1cm的沙塵，那麼2000年內到底會堆積了多少塵土呢？

4 古代『不可洩漏之數』及其後的利用

道　博士　真弓啊，妳知不知道「畢達哥拉斯數」呢？

真　弓　就是『三平方定理』（畢氏定理）所成立的3個數啊！例如3：4：5，5：12：13，7：24：25等。

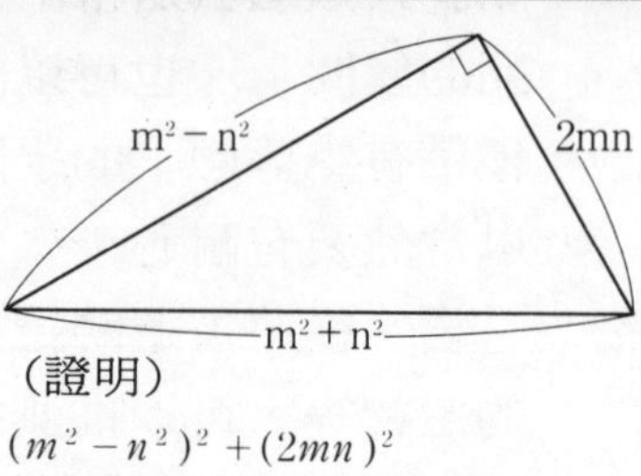

（證明）

$$(m^2-n^2)^2+(2mn)^2$$
$$=m^4-2m^2n^2+n^4+4m^2n^2$$
$$=m^4+2m^2n^2+n^4$$
$$=(m^2+n^2)^2$$

道　博士　如右圖所示，用整數帶入計算直角三角形的3個邊，m、n(m＞n＞0)時，可以製造出無限個畢達哥拉斯數。

真　弓　「無限個數」，真令人難以置信，不過這是因為m、n的值都是無限的嘛！

道　博士　畢達哥拉斯還有1個『不可洩漏之數』，妳知道嗎？

真　弓　不可洩漏這個字原本是希臘文吧！

道　博士　在說明這個字之前，先簡單敘述一下畢達哥拉斯。

畢達哥里翁市內的畢達哥拉斯博物館前的塑像

紀元前5世紀時，他誕生於愛琴海內的美麗小島薩摩斯島。在100年前「幾何學開山之祖」塔雷斯以及「預言作家」伊索相當活躍時，這裡的海娜神廟也是世界聞名。

真　　弓　我聽說過海娜女神。是希臘文化中最棒的女神，是婚姻和家庭的守護神。非常貞潔，但是嫉妒心很強，丈夫是宙斯。

道　博士　畢達哥拉斯就是從海娜女神神廟的石頭中發現了著名的『三平方定理』。

真　　弓　真令人感動，我在很多書上都看過，人們會用麵粉做成公牛（宗教上）獻給女神。

道　博士　妳連這個都知道啊，真是太棒了。這個定理延伸出現在所使用的$\sqrt{2}$＝1.41421356……無限非循環小數。不過畢達哥拉斯是整數論者，因此他對弟子們說：「這是神誤造出來的，所以絕對不可對外洩漏這個錯誤。」

$1^2+1^2=(\sqrt{2})^2$

真　　弓　200年後的『歐幾里得幾何』(原論)則用普通的數。

道　博士　這個具有歷史淵源的數，後來被用來建立「剪裁時不會造成浪費的尺寸」，真的很有趣。

右邊是A列0～12號的一部分，1頂點排列在對角線上。妳計算看看各種尺寸的紙其橫與縱的比吧！

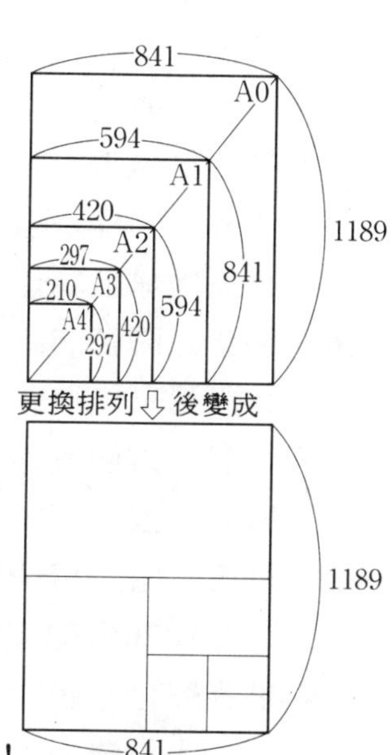

真　　弓　大都是1：$\sqrt{2}$。真是太棒了！

猜猜看！

(1)身邊的物品中，找出橫與縱之比大致為1：$\sqrt{2}$的東西。

(2)在1940年的戰時，為了節省紙而採用$\sqrt{2}$的裁剪方式，不過還有其他的意義。到底是什麼呢？

5 災害預測圖與「探索地震的原因」

實際證明災害預測圖可以有效避難

隨身攜帶確認是否安全的PHS，可以確認位置

發生地震時的訊息傳遞實驗

裕　君　2001年11月19日的早報上，刊登了「光之雨亂舞」的大標題，還附帶內容為「獅子座流星群1小時內出現數千個──」的照片。「1965年時，國內也出現大量的流星，這次的規模可說是數百年才出現1次」。天文的預測力實在太驚人了。

道 博士　時間、場所完全吻合，的確太厲害了。2600年前，塔雷斯就曾經預言日蝕，結果真的被他料中了，預言的歷史還真悠久呢！

裕　君　同樣是自然界的事情，然而對於人類生存在地球上為什麼不能預測火山、地震呢？

道 博士　國營高科技可以製作「危險警告圖」，但從來沒聽說過可以準確的預測地震。

裕　君　這個危險警告圖就是災害預測圖，但設在觀光地區實在很討厭，因為顧客會減少。

道 博士　當然事情都有好壞兩面，可能會造成社會恐慌。

從20世紀開始，數學的2個領域就著手進行關於自然界變化的研究。有時報紙也會加以介紹。

大災難…不連續的事象、現象的研究

地震、火山爆發、閃電、雪崩、海嘯、風暴

混沌…沒有同步性的振動的相關研究

大氣的對流現象或亂流、地殼的變化、天體的動態

發展這些學問之後，也許就可以進行預測了。

裕　　君　終於到了「運用數學」的時代。

連幾十年後的流星都可以預測出來，我想應該也可以預測出地球上的災害吧！

觀察地點A,B,C

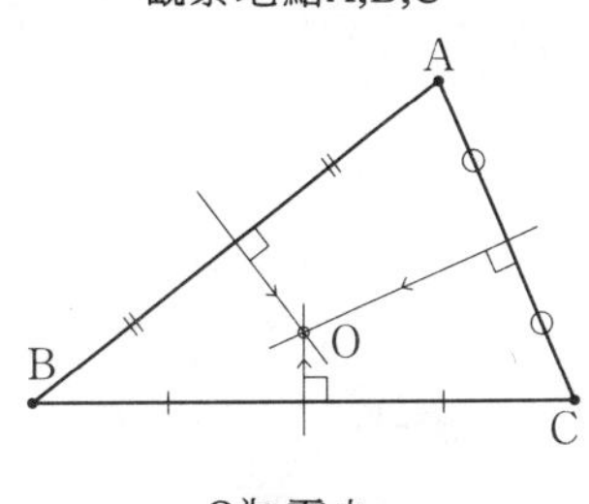

O為震央

道　博士　因為是電腦時代嘛！以前「由災害的結果來進行分析」相當進步。例如，找出發生地震時的震央……。

裕　　君　由觀測地的3點求出震央，就像是製圖的世界一樣。

這就是求三角形外接圓的中心（外心），數學真厲害。

道　博士　不過，也有不知道震央在何處的地震。像「立山黑部」代表性的黑部第4大壩（黑4壩），花了7年的時間建造，1963年成為日本最大的大壩，但後來周邊地區經常發生輕微地震，令居民深感不安。

黑4大壩的大壩堤防步道

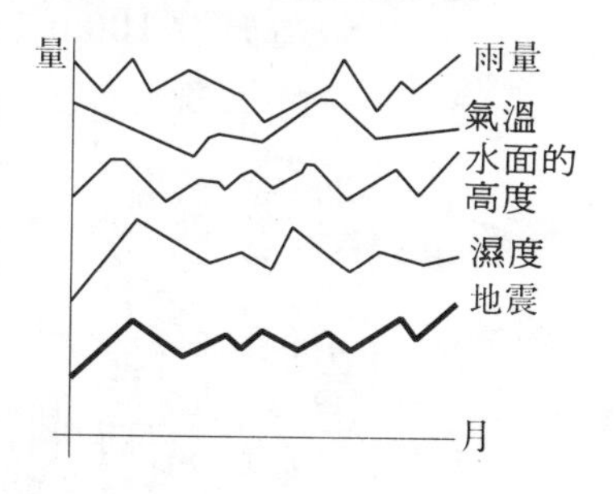

裕　　君　為了探索原因，應該要蒐集各種變化的資料加以分析吧！

道　博士　蒐集相關的圖表（右圖），找尋具有類似變化的資料。

裕　　君　這樣就可以知道原因囉，真是太好了。

猜猜看！

⑴從右上方的圖表中，你可以看出什麼？

⑵黑4大壩的周邊出現輕微地震的原因為何？

6 再次探討「代用品」的日常利用

利用音可以測量體積

利用共鳴的頻率

東大尖端科學技術研究中央石井教授開發

真　弓　最近有點發胖，非常擔心體重，看到報紙報導的「可以利用音測量體積」，令我非常驚訝。

道博士　「頻率取代體積」，亦即利用「代用品」，這是數學上的函數關係。

體重和體積的關係也很有趣。和體脂肪有關。也可以藉著頻率求得。

真　弓　之前提到關於代用品的思考，發現身邊的這些東西都是。

○1000根釘子的數法

○利用車輪感應器知道乘客數目

○每升高100m，氣溫降低0.6℃，藉此可以預測山頂的氣溫

法國料理的刀叉、湯匙

從車輪的滾動數計算距離

「下一輛電車的第三節車廂是空的」

可以利用「重量計」來測得通勤電車的擁擠情況

JR東日本「○號車很空」

利用全列車設置階梯進行這項通知

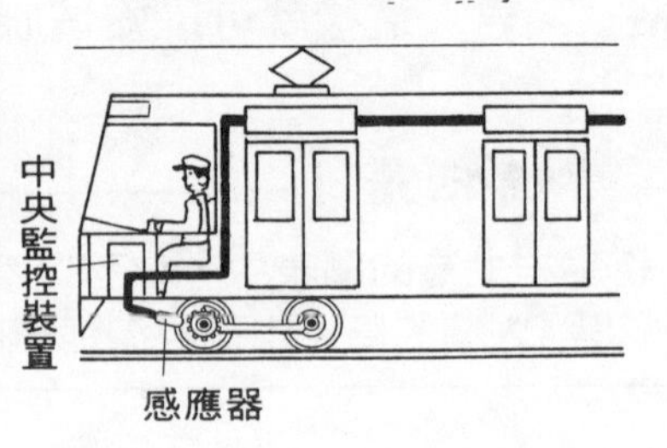

○數2000人份的湯匙或叉子的方法等
「函數的思考」真的很有幫助呢！

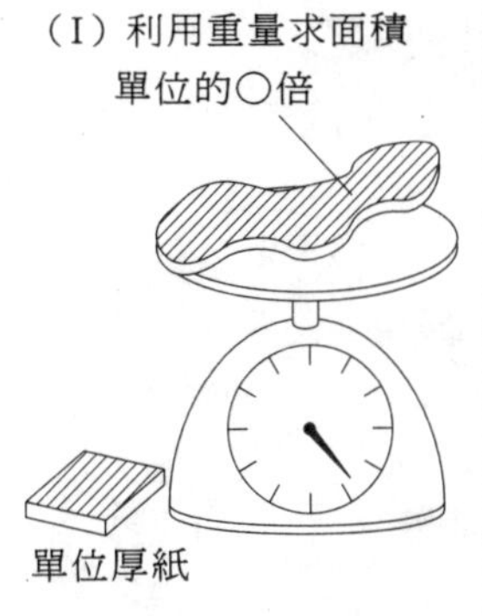

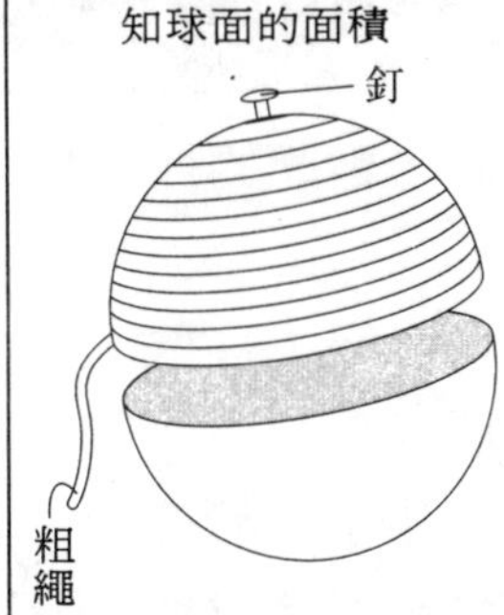

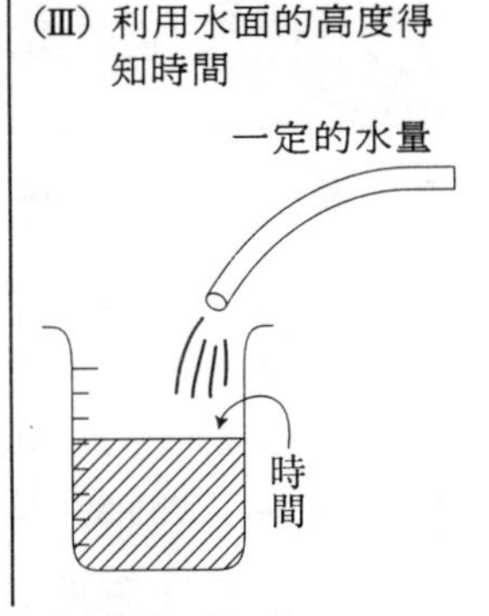

道　博士　事實上，小學、中學的內容也巧妙的使用「代用品」——例如秤、繩子、水等，到了微積分領域，則使用程度更高的東西。廣義來看「代用品的意義」，應該具有以下的意義。

同值（變形）

方程式

$3x-2=x+4$

$3x-x=4+2$

$2x=6$

$x=3$

等積變形

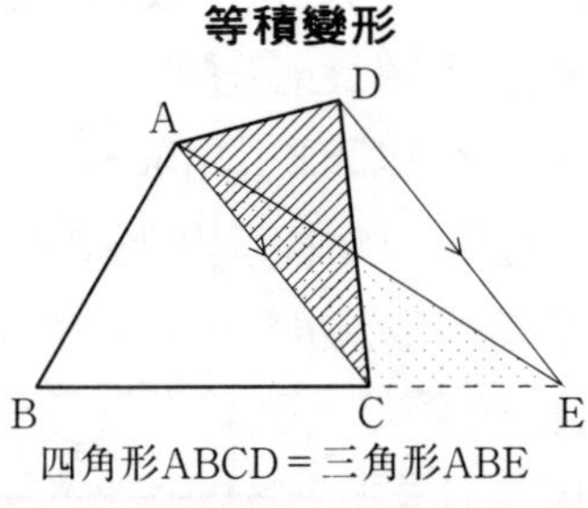

四角形ABCD＝三角形ABE

同胚（變形後完全一致）

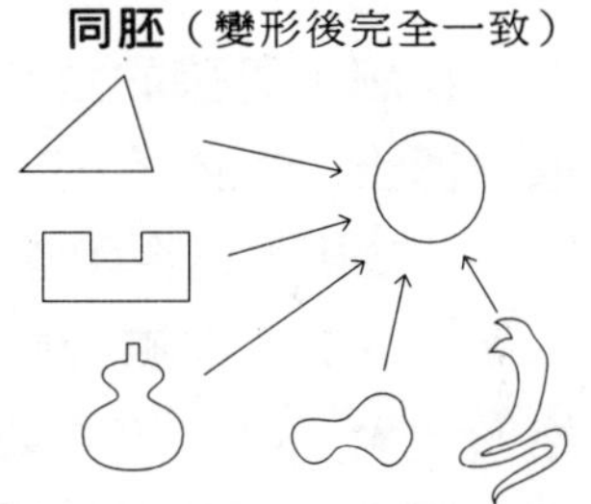

真　　弓　居然有這麼多的意義。數學真的很有趣耶！

道　博士　右邊的打孔卡是德國法蘭克福皇后飯店房間的房間卡，可說是採用二進位法的鑰匙代用品。

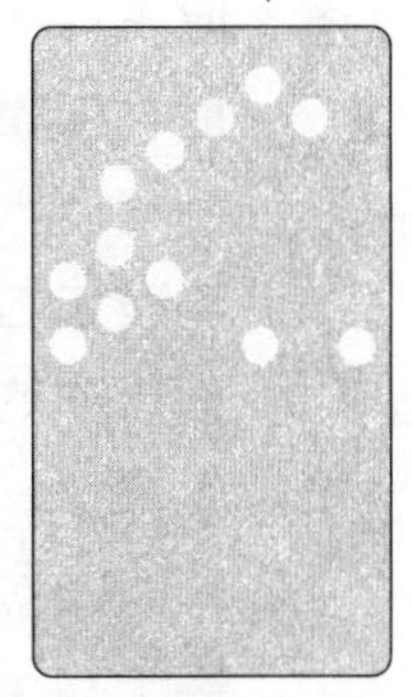

皇后飯店的打孔卡

猜猜看！

⑴請說明上面（Ⅰ）～（Ⅲ）的利用法。
⑵舉例說明打孔卡當鑰匙之外其他的利用例子。

7 「來世你要當男生還是女生」的時代變遷

道　博士　今天要探討「數學的性的話題」。

裕　　君　博士！我很年輕，喜歡討論這一方面的話題喔！

道　博士　喂喂，別弄錯了。品行端正的我怎麼可能會討論這種事情呢！

我所說的sex指的是性別，亦即『數學與男女性別差』。

裕　　君　以前，理科是男孩的天下，文科是女孩的天下，我想，男孩的數學成績應該比較好吧。

道　博士　以內容來看，具有以下的傾向。

○男生適合函數、統計、機率等變化或不確定的領域。

○女生則適合計算或圖形證明等清清楚楚的領域。

裕　　君　啊，原來如此。

道　博士　『差異心理學』是心理學中的一個範圍，關於「性別的差異」整理如右表，清楚的說明男女的性別差。

項目＼性別	男	女
對於事物方面	遠的環境、構成的、抽象的	直接環境、成品、個別的、具體的
關心面	事物的動態方面	靜態或完成面
著眼點	事物的關係	事物本身

（參考）幼稚園兒童的例子

男孩	女孩
○車子等移動的東西	○人偶、花等和平的東西
○空間認識	○色彩感覺

裕　　君　由右表可知，男女的性別差對於數學有拿手和不拿手的範圍。

道　博士　有很多關於男女性別差的研究。

右邊的圖表是昔日文部省統計數理研究所花了近50年，針對「國民性別調查」中「如果來生……」的項目進行調查的結果。

「來生要當男生還是女生」的演變

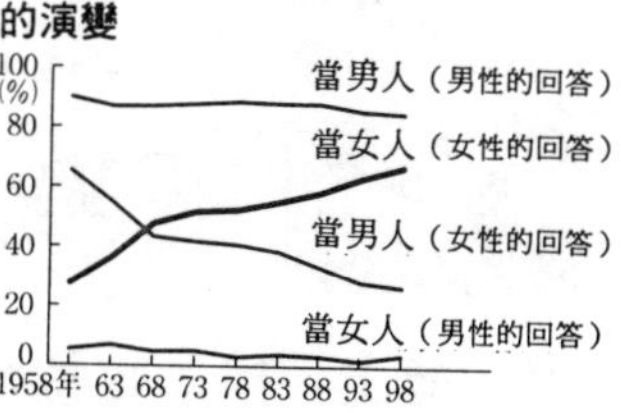

從1958年開始，每隔5年以2000～4000人為對象進行調查

裕　君　50年來變化極大，真是有趣。以男女性別來看

○男性「再當男人」一直是佔9成
○女性「再當女人」佔多數，但到1968年時逆轉為「當男人」比較多，而且不斷的增加，最近已約佔3分之2的比例。

男女合計的回答

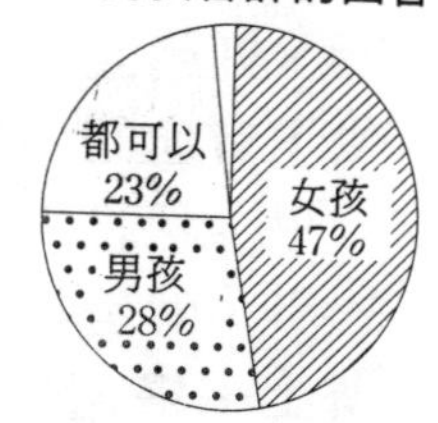

此外，男女合計的回答如右邊圖表所示，似乎已經變成了女性社會。很自然的就會變成「女人國」喔。

道　博士　日本是世界第一長壽國，不過根據調查發現，女性比男性多活6年以上。「來生想不想變女人呢？」。

〔參考〕根據厚生勞動省2001年簡易生命表顯示，男性平均壽命為78.07歲，女性為84.93歲（都是世界第一）

高齡者的一代數
（根據1995年總務廳國勢調查）

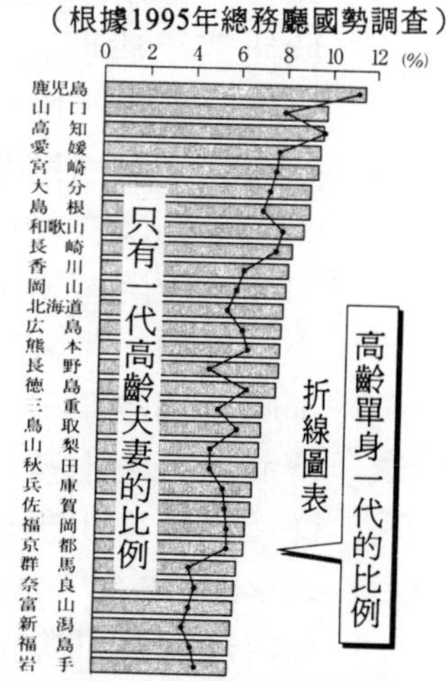

裕　君　這個（右圖）是什麼？

道　博士　是稍微改變的圖表……。稍後再聽你的感想。

猜猜看！

⑴前頁關於幼稚園兒童的調查「男孩分解（破壞）東西，而女孩珍惜東西」。這到底意味著什麼呢？
⑵上面圓形圖表的空白部分是幾％？又意味著什麼呢？

8 「不得爭論」可以用圖表來說明

道　博士　畢達哥拉斯離開出生的故鄉薩摩斯島之後，來到義大利南部的克洛敦，創立了學園。而在另一個地方與他持相反思想的帕爾米尼迪斯，則創立了艾雷亞學派。因而產生了有趣的故事。

真　　弓　聽說「斬首刑與絞首刑」的故事，就是帕爾米尼迪斯的大作。

道　博士　畢達哥拉斯學派採取的是正論，而帕爾米尼迪斯的艾雷亞學派則是邪論，亦即致力於研究矛盾理論。其代表就是奇儂。『奇儂的4個悖論』就是對後世影響甚巨的著名理論。

真　　弓　大家所熟悉的就是「阿基雷斯和烏龜」的故事。

「烏龜在較前面的位置與阿基雷斯比賽，2人同時出發，而阿基雷斯卻永遠追不上烏龜。」我到現在還不了解這個故事。

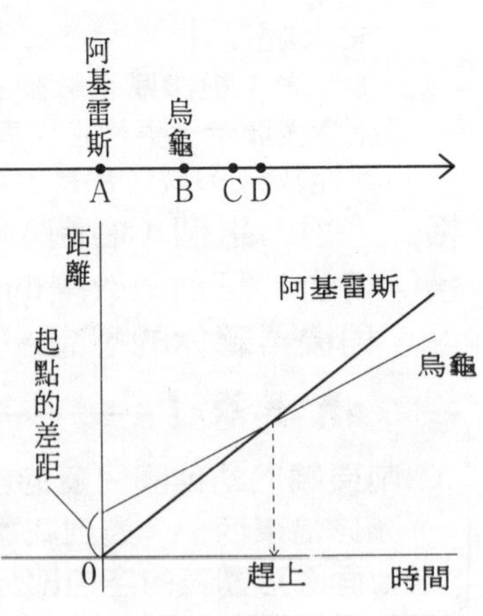

道　博士　同時出發，當阿基雷斯從起點到達B時，烏龜已經來到了前方的C。當他到C時，烏龜已經來到前方的D，……因此他永遠追不上烏龜。

用圖表來看這個故事，會變成什麼情況呢？

一目了然，根本「不得

爭論」，從這故事可知阿基雷斯可以追得上烏龜。

真　弓　用圖表說明就一目了然，非常清楚。

道　博士　在17世紀「函數的思考」圖表出現之前，「阿基雷斯與烏龜」一直被視為矛盾理論的代表，令人困擾。

真　弓　如果用圖表來表示地球溫暖效應、大氣污染等社會問題，真的是「不得爭論」，任何人都能夠了解。

道　博士　運動方面也出現有趣的例子。

其中之一即甲子園高中棒球比賽導入金屬球棒前後的長打數。還有就是太極拳的評審計分方式是否公平。如果用圖表來看，如下所示，根本就是「不得爭論」。

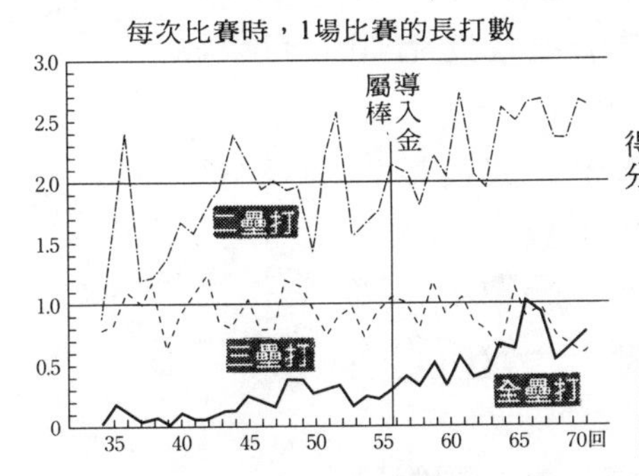

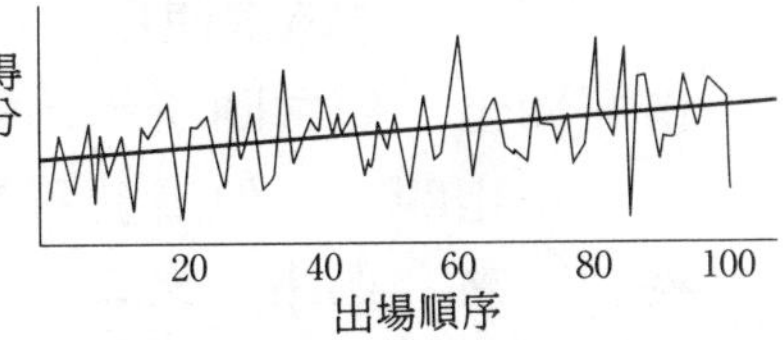

1位主審和4位副審，以滿分10分來計分，捨棄最高與最低分，取中間3位評審給分的平均值當成選手的得分

真　弓　使用金屬球棒之後，二壘打和全壘打都增加了。而太極拳評分方面，裁判具有「後面還有很棒的選手，所以前面的選手比較辛苦」的意識，看圖表就可以了解這一點。

道　博士　我也曾經在「東京都劍道『道場』聯盟」所主辦的中小學學生作文發表會上擔任評審，第1個小孩發表後，和其他4位評審商量之後，採取統一的計分基準，希望達到公平。所以重點就是不要受到時間的影響。

猜猜看！

(1)我們所說的圖表包括函數圖表、統計圖表、方程式圖表等。請說明其間的差異。
(2)舉例說明某個事項可以利用圖表讓大家了解。

9 「只要增殖就會增加」不見得是成「正比」關係

日本的大眾傳媒（情報買賣）與政治成正比，愈來愈墮落了

人氣與景氣成反比

裕　君　報紙、TV等大眾傳播媒體，為了讓大家容易了解，因此經常使用「比例」這個字眼。

○持續高溫，所以蔬菜增產

○只要努力，生活就能提升

○投資愈多，賺的錢愈多

等，對於「只要增殖就能增加」的關係，會經常使用「比例」。

道　博士　如右圖所示，數學上視為是「正相關」。但這並不是函數。

公尺
800
700
600
500
400
300
開花日
盛開日
花落結束日
4月　1　5　10　15　20　25　25　30日

櫻花與高度

裕　君　正比、反比、一次函數、二次函數等都是函數。那麼，一般所說的函數到底是什麼呢？

道　博士　2個東西（集合X、Y）的對應關係具有以下4種。

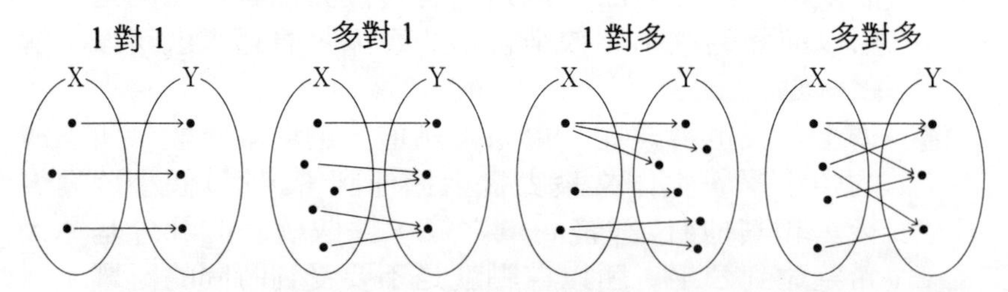

其中，決定1個X，就可以決定1個Y。這就是函數關係。「要決定1個時，如果對方有很多個，就無法決定」，這樣會造成困擾。

裕　君　所以函數應該是1對1和多對1兩種關係。

道　博士　1對多或多對多是**關係**，形成了統計、相關等關係。

事實上，很多人都認為「只要增殖就會增加」，認為一切都是成正比的，因而發生很多意外狀況。

裕　　君　有哪些情況呢？

道　博士　例如，汽車從踩煞車到停止為止的距離與速度的2次方成正比，颱風的風力撞倒直角板上時的壓力（F）和風力（v）的2次方成正比，看似成正比，但事實上卻是成2次方的比例。

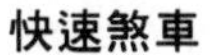

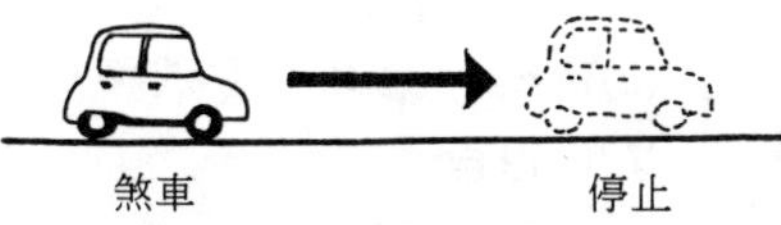

颱風的風力　Vm/秒
壁
S m²
$F=0.12V^2S$

裕　　君　如果沒有這方面的知識，就會發生汽車的追撞事故或住宅、圍牆倒塌的事件。

道　博士　與2次方成正比就是$y=ax^2$的函數，舉個大家所熟悉的例子，例如將球往上拋時，從高度掉落的速度與時間的關係。

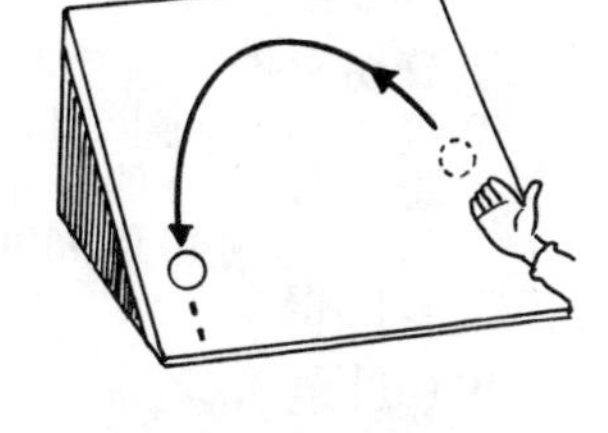

球在斜面上滾動時會形成拋物線（$y=ax^2$）

裕　　君　看上面的斜面實驗，好像可以看出這個曲線（圖表）呢。

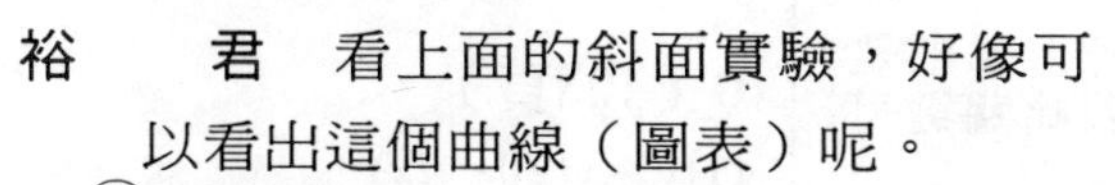

猜猜看！

⑴如右圖所示，寬20cm的白鐵皮板摺成導水管狀。要讓剖面積為最大，那麼摺起來的部分應該是多長？

⑵要把球扔到最遠處，則扔出的角度應該是多少？

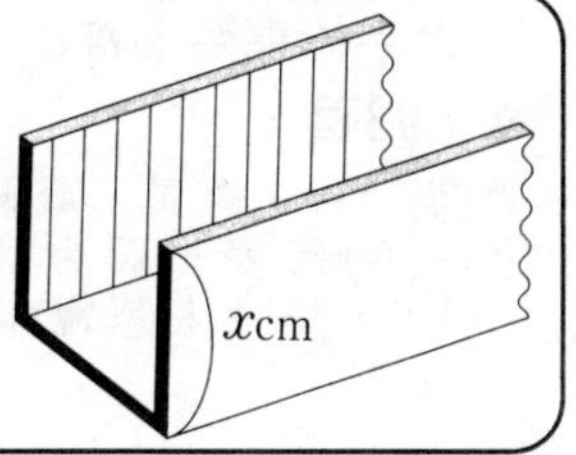

猜猜看！解答

1（87頁）

⑴測驗擺線的曲線。由下方得到的曲線，又稱為最快速下降曲線。

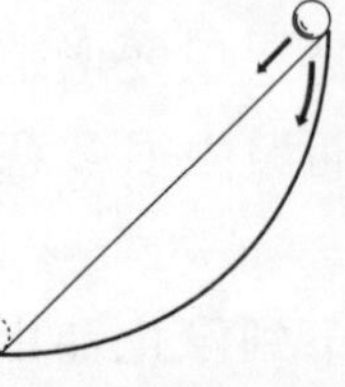

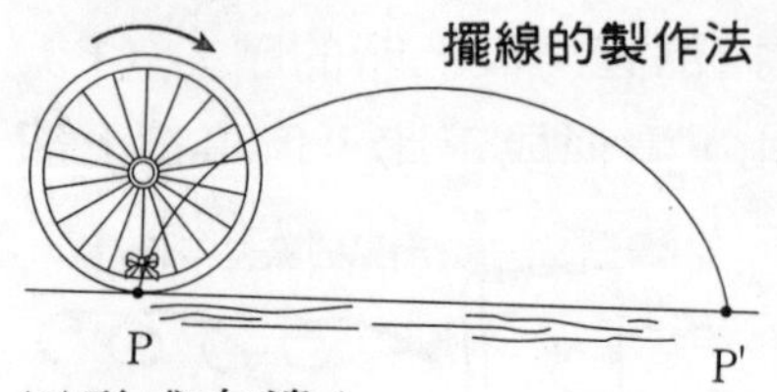

⑵形成右邊4個曲線。雙曲線與中心線，而拋物線與母線平行。

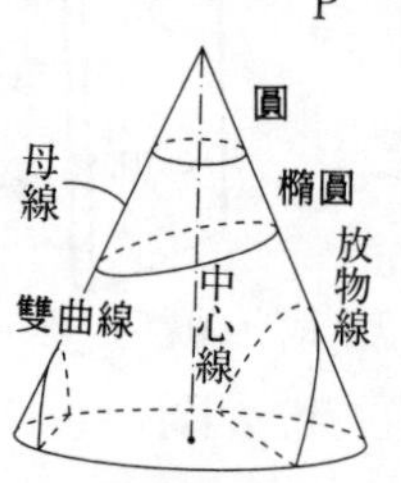

2（89頁）

⑴算術平均、幾何花紋等

⑵每個月1萬圓，1年得到12萬圓。如果一倍一倍增加，則可以得到40萬9500圓。當然多出很多。

3（91頁）

⑴在1738年發現。考古學則是在26年後開始，因此關鍵可能是龐貝城。

⑵$1^{cm}\times 2000=20^{m}$

大半的東西都會被埋沒。

4（93頁）

⑴明信片、家具、電視畫面等。

⑵美的代表「黃金比」為1：1.6，是令人感覺非常舒服的比例。

5（95頁）

⑴與地震圖表類似的還包括「水面的高度」。

⑵亦即水量增加時，對岩盤加諸壓力，而在發散這個能量時會引起輕微的地震。實際上「不用擔心」。

6（97頁）

⑴（Ⅰ）求複雜形狀的面積。

（Ⅱ）纏繞半球面的繩子成為圓面積的2倍。

（Ⅲ）利用水量與時間的比例。

⑵音樂、編織、考試等。

7（99頁）

⑴男孩對於構造、性能感興趣，女孩則對完成品感興趣。

⑵為2％，包括了「不知道」、「無意見」或是沒有回答的人。

8（101頁）

⑴函數的圖表是決定x時，則只能決定1個y（1對1、多對1）。

⑵學業成績或工作實績的圖表。

9（103頁）

⑴$y=x(20-2x)$

$y=-2x^2+20x$

$y=-2(x-5)^2+50$所以

$x=5$　<u>5cm</u>

⑵$45^{\circ}$

第 5 章

意外發揮作用的統計、機率與推算的話題

1 何謂世界人口中的「第60億個人」？

裕　君　○○遊樂園或△△樂園開設之後，經常出現第1萬名、第10萬名入場者可以得到紀念品，或頭上方掛著的彩球會爆破以示慶賀等宣傳活動。

道博士　藉著售票口的統計數字或入場券檢查等，可以確認誰是第1萬人或第10萬人，不過在計算世界人口上，就有很大的誤差了。

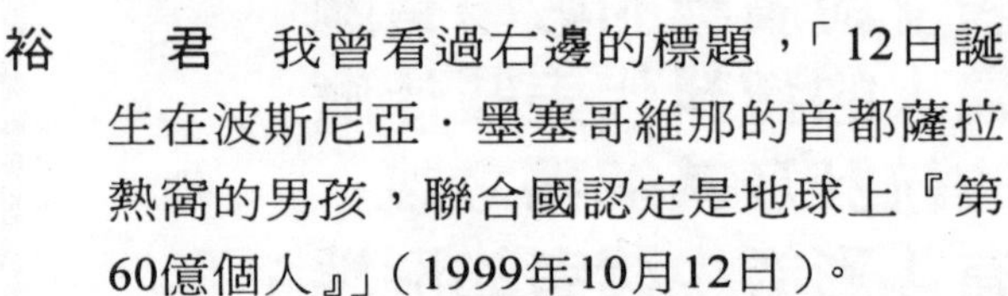

聯合國公認
第60億個人
誕生在薩拉熱窩

裕　君　我曾看過右邊的標題，「12日誕生在波斯尼亞．墨塞哥維那的首都薩拉熱窩的男孩，聯合國認定是地球上『第60億個人』」(1999年10月12日)。

道博士　他到底是個什麼樣的孩子？他一生會有何改變？我真的很感興趣。聯合國甚至還發出了『證明』呢。

裕　君　中國、印度、印尼等人口眾多的國家，無法掌握正確的人口數目，亦即人口統計含混不清。那麼到底是以何者為基準來斷定「正好是第60億個人」呢？

道博士　我也對這個統計結果感到懷疑，不過，有報導說「聯合國人口基金預測世界人口在12日時會到達第60億人。同時要從聯合國事務總長安南預定訪問的薩拉熱窩地方挑選出新生兒」。當然，「第1萬名入場者紀念」也不算是正確的數字，算是一種聯合國慶典吧！

裕　君　人口眾多的國家，人口數不正確，而且12日這1整天，世界上可能有好幾萬人誕生，同時也有好幾萬人死亡，所以，統計1萬人或10萬人以下的數字根本毫無意義。亦即應該含蓋在「誤差」的範圍內。

道博士　這個想法很正確，不過你認為以下的情況如何。

「總務廳統計局在1998年10月1日，估計當時的人口是

男性　6192萬人
女性　6457萬人　總人口1億2649萬人

後來，發表推測數1億2692萬5843人。」

以億為單位的數字，連末位數都知道呢！

「後來」這個形容詞非常有趣。你知道意味著什麼嗎？

裕　君　以1人或1萬人為單位有點麻煩。「到1人為止」只是瞬間的事。

道博士　「實際上根據國勢調查」的結果提出這個數字，所以從某種意義來說，應該算是正確的數字。不過，他們也說這只是「估計數字」。

裕　君　在後來2001年的「世界人口白皮書」中，聯合國人口基金（UNFPA）說明地球人口已經超過61億3000萬人，而且預估2050年時會達到93億人。

如果真的只是「『第60億個人』，我還感到有點慶幸」，以後不知道會變成什麼情況！

道博士　看來人類可能會移動到火星去。

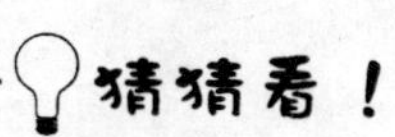

⑴2002年，日本的人口數為世界第幾位？
⑵女性和男性的比例（性別比）是多少？

2 「美麗」與廣義的數學有關

道 博士 妳今天打扮得很漂亮，真的很美。

真 弓 啊！博士，謝謝你的誇獎。「女大十八變」，我已經接近18歲了，一定要打扮才行……。

道 博士 最近常聽到「美麗」或「漂亮」等字眼，這和數學的關係（之前談到建築之美等）讓我很感興趣。「美」的範圍非常廣泛，但也可能只是一時的流行……。

真 弓 博士出國30幾次，進行「數學尋根之旅」，你覺得日本和東方、西方的「美的意識」是否有差距呢？

道 博士 首先是語言、習慣、服裝等的不同。這種「美的意識」很難加以判斷，所以在此省略不提。像餐具及其食材的排列方面，日本（日式食品）是最美的。而『城堡』方面，形狀和庭園的美的優劣就很難加以比較了，不過

○西方為**人工（幾何）美**

○日本為**自然美**

這就是很大的差距。甚至連『插花』也有這種差距。

唐津城（佐賀）

香波爾城（法國）

天龍寺（京都）

耶斯科夫城（丹麥）

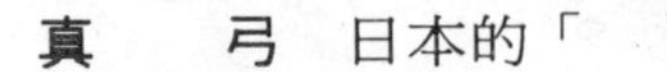

真 弓 日本的「

美」的特徵，就是博士所喜歡的『道』吧！不論是劍道、弓道、花道、竹道（簫）或茶道、香道……。

道　博士　「美」的最終是「心理問題」。但是，一般的「美」，則是指多數或流行所決定的事物。服裝、繪畫都是如此。

真　　弓　仔細想想，「美的話題」有以下的場面。

生活面
- ○臉的美醜
- ○服裝感覺
- ○日常用品的形狀
- ○花鳥風月的印象

藝術面
- ○繪畫、雕刻
- ○音樂
- ○文字、文藝
- ○其他

道　博士　妳分類得很好。在當中妳看到了什麼樣的數學呢？

真　　弓　就像之前的「建築之美」一樣，

○分析事物發現數學

○利用數學之美

大致分為以上兩種，前者的代表就是畢達哥拉斯與音樂，而後者則是米羅的維納斯。

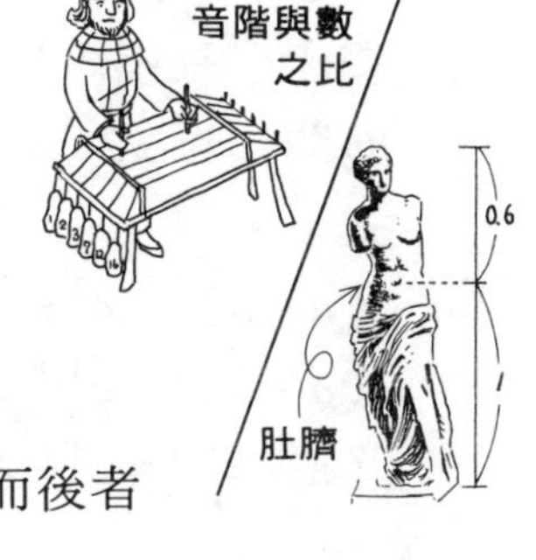

道　博士　黃金比是紀元前4世紀時古希臘的愛德克索斯所提出的。

據說維納斯是紀元前1世紀時的作品，作者似乎也考慮到了這個比例。15世紀義大利的畫家、雕刻家李奧納多達文西，其作品除了利用黃金比之外，也利用遠近法等數學的構想。

猜猜看！

(1)「從算術到算數」、「從劍術到劍道」，到底具有何種共通點？

(2)遠近法是指何種圖形學？

3 數量驚人的資料代表些什麼

裕　　君　由大學考試中心所舉辦的「考試中心測驗」，每年的考生大約50萬人，現在已經多達60萬人，人數相當多。

道　博士　人數多，則得分可以維持理想的正規（二項）分布曲線。

英、國、數或地、公型　得分布圖表
（根據『Guideline 2001年4、5月』河合塾）

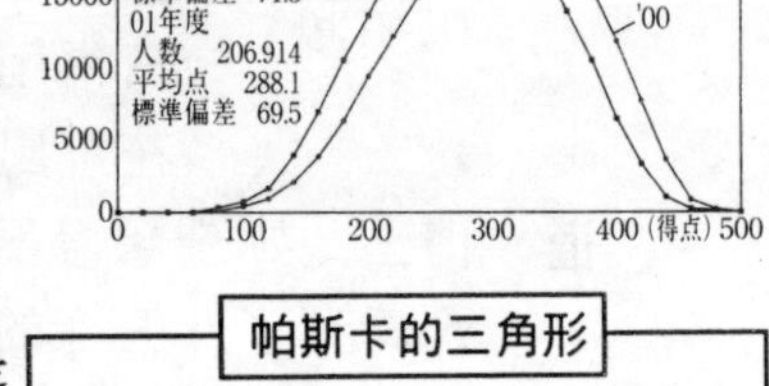

裕　　君　二項分布的二項是什麼？

道　博士　是指「二項係數」。就是展開二項式 $(a+b)^n$ 時係數的式子。

$$(a+b)^2=a^2+\mathbf{2}ab+b^2$$

$$(a+b)^3=a^3+\mathbf{3}a^2b+\mathbf{3}ab^2+b^3$$

$$(a+b)^4=a^4+\mathbf{4}a^3b+\mathbf{6}a^2b^2+\mathbf{4}ab^3+b^4$$

……………………………

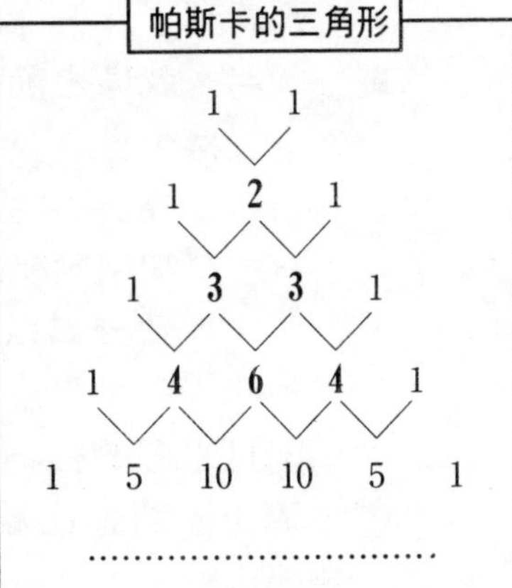

裕　　君　數學式子寫得非常漂亮，圖表和數列也很棒。

道　博士　不過資料較少，無法成為對稱形。你知道代表形是哪一形嗎？

裕　　君　中學時代學過，應該是以下的形（次頁）。

道　博士　以統計來看，所有的資料以1個數值表示，稱為「代表值」，通常是使用平均值。像你現在所列舉的圖表的形狀，就不具平均值的意義。

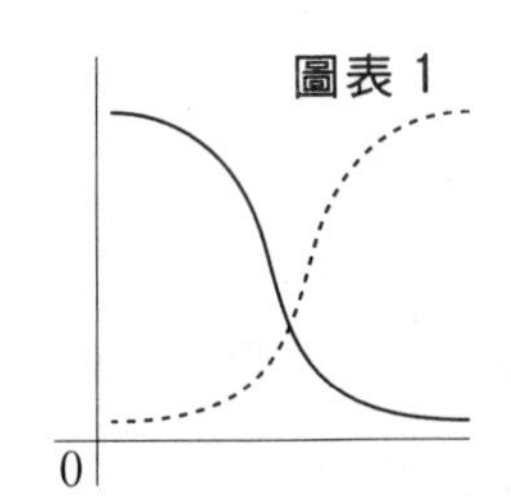

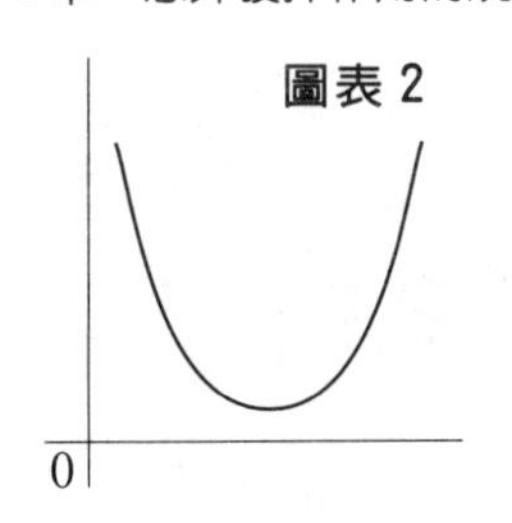

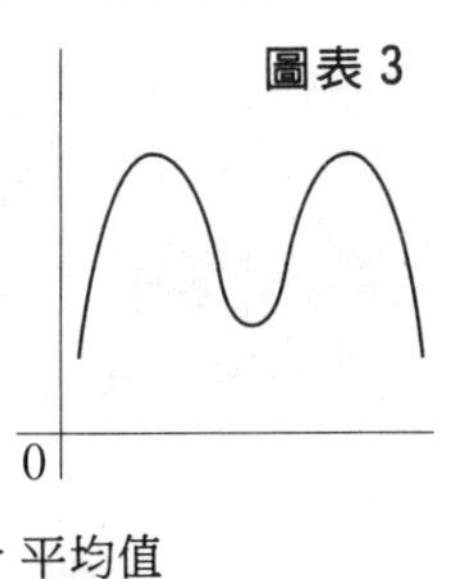

裕　　君　代表值有3種，是藉著資料的分布(圖表)各別使用。太過於極端的分布，不使用代表值，或通常平均值會附帶標準偏差。

代表值
- 平均值
- 最頻值
- 中央值

偏差值是指資料的分布度

道　博士　國家長期和平之下，社會人口統計應該是呈現美麗的分布曲線，像日本這100年來，因為戰爭等因素而形成異常的圖表。

日本的人口金字塔

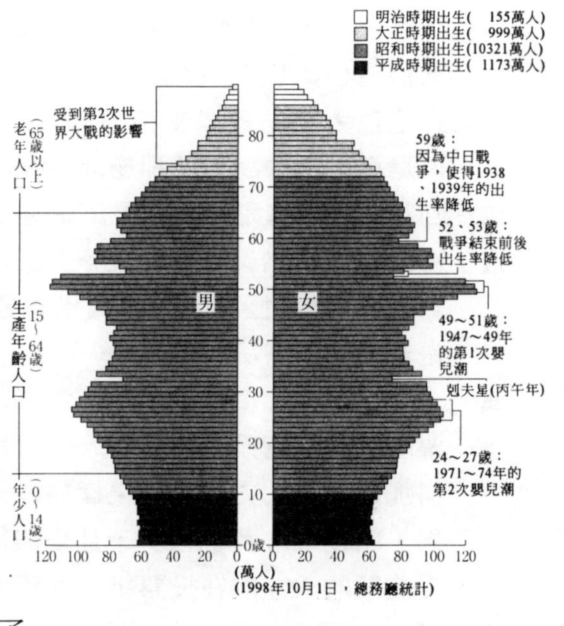

裕　　君　與其用文章嘮嘮叨叨的說明，還不如看圖表就能一目了然。藉此就可以知道日本的人口構成異常。但說是「剋夫星（丙午年）」，那就太過分了。

猜猜看！

⑴我們經常利用最頻值，到底是什麼情況呢？
⑵和平國家的人口統計圖表是什麼形狀呢？

4 奇怪的統計及其解釋之妙

道　博士　現在是「資訊化時代」，動不動就出現很多問卷調查，藉著蒐集資料進行相當程度的解釋，發表該事項的傾向。一般社會大眾對數字具有強烈的信賴感，但可能會囫圇吞棗，受到訊息所控制。

真　弓　最近，以1000人為對象，用電話訪問的方式調查某位大臣的支持率，回答率為65%，當中的70%支持這位大臣。「調查結果」就是「這位大臣的民眾支持率70%」，但是可以這麼說嗎？那麼35%沒有回答的人到底是支持還是反對呢？

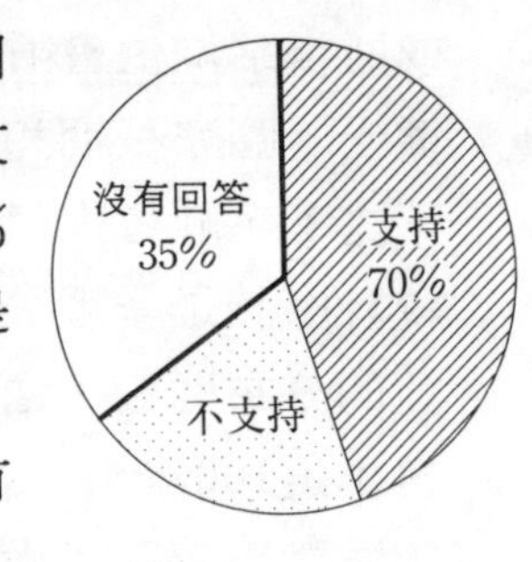

道　博士　國會議員或縣市長等大型選舉，會進行「出口調查」，信賴度極高，對於結果影響甚鉅。這在統計學上是非常好的辦法，但是……。

真　弓　所謂出口調查，就是選舉當天，在隨機抽出的投票所詢問「剛投完票的的人」「投票給誰」，蒐集統計資料加以預測的方法。如果樣品好，不但能夠迅速得到結果，所花的經費也較少，且是值得信賴的調查方法。接受詢問的人才剛在投票紙上蓋章，所以不會弄錯名字。

道　博士　不過，最近有個國家卻發生這樣的情況。「某家報社基於出口調查公司的報告而發表預估結果，但是和真正的結果有很大的出入，因此『失去信賴』，報社則向調查公司請求損害賠償。」

真　　弓　關於高中男女『性經驗調查』的結果，「將近4成回答有性經驗」，但是，我和周遭的朋友都不相信這個數字。我認為不可能有這麼高的比例。這是採用無記名的調查方式，高中生可能不負責任而隨便回答，因此蒐集的資料出現錯誤。

道　博士　「狂牛病」事件曾震驚日本，當出現第2隻狂牛病的牛時，進行了相關調查，結果

33%比以前少吃牛肉 ｝46%
13%已經不再吃牛肉 ｝
24%直到目前都不吃牛肉了 　計70%

所有狂牛病的牛隻檢查
值得「信賴」48%
「不相信」數目相同

由以上的內容可以了解到，70%都不信賴，但是別項的統計卻是48%，差距很大，的確很奇怪。

真　　弓　我曾看過一本書寫著「有趣的統計與解釋」。

○紐約市1年內的死亡率比軍隊多。亦即軍隊比較安全。（西班牙戰爭後招募士兵的廣告）

○在組織中的地位愈低，因為心臟病而死亡的機會愈高。（英國醫學雜誌「LANCET」）

道　博士　這都是顛覆一般常識的說法。也就是有陷阱的統計的趣味性（有時會被惡意利用）。上述原因可能是市內的老人、兒童較多。另外，地位較低的職員沒有裁奪工作的資格而產生壓力，這些原因都隱藏在當中。

猜猜看！

⑴調查某位部長的支持率，如果「拒絕電話訪問的人被視為不支持」，那麼這位部長的支持率是幾%？

⑵根據某項統計顯示「醫學愈進步，病人愈多」「文明進步，戰死者遽增」。這個矛盾是如何產生的？

5 是否有「彩券中獎者的形態」？

投注站與宣傳海報（新宿）

裕　君　據說高額獎金的彩券非常受歡迎呢？

　　只要花幾十塊錢，就能買到「一夜致富」的夢想，的確非常便宜。

　　博士，你覺得如何呢？

道博士　我的中獎運不佳，和獎金無緣。

> **夢想掌握在你的手中**
>
> 年末ジャンボ宝くじが27日発売された。今年は1億円以上の当選本数が昨年の3倍に増え、東京・有楽町の売り場では発売前から約1千人の列ができた。お金を握りしめて並ぶ人もいた

裕　君　聽說有中獎運好的人和中獎運不好的人，還有「彩券中獎者的形態」。數學上也可以這麼說嗎？

道博士　以機率來看，的確有「最常見的日本人的類型（標準型）」，因此可以預測到某種程度。

裕　君　哦，真的嗎？大概是以下的人吧！

　　○能自由的花錢購買彩券，將錢視為「生活必需品」的40、50歲層的上班族

　　○血型為A型（日本人A、O、B、AB型的比例為4：3：2：1）

　　○每次都大量購買彩券的人

道博士　根據『彩券長者白皮書』的說法，分析中了1000萬圓以上高額獎金者的傾向，結果如下。1998年針對1590人進行問卷調查，結果顯示：

性別　男性72%　女性28%
職業　公司幹部39%　家庭主婦13%——如原先所預料的
年齡　50歲層26%　40歲層24%——如原先所預料的
星座　水瓶座10%　天秤座9%——幾乎無關
購買頻率　只有鉅額獎金時才購買37%　1年數次23%
購買張數　30張以上57%　20～29張20%——如原先所預料的
買彩券的經驗　20年以上26%　5～10年25%——以機率來看非常合理
頭一次購買　男性…T.T.　女性…M.S.——？

裕　君　的確是有趣的統計，接近預估的結果。但是，幾乎都和我無關，看來我是不可能中大獎了。

道博士　彩券迷會有一些奇妙的信仰。

○購買時會指定「幸運數字」
○相信傳聞，認為某個投注站會開出高額獎金
○認為在大吉大利或○○的日子購買較好

不過，中獎機率和數字、投注站、傳聞等無關。

裕　君　如果買下所有的彩券，當然就能中大獎，但是沒有人會投下這麼大的賭注吧！

道博士　如果1張彩券100圓，則獎金平均為45圓，所以，買下全部會損失慘重。

裕　君　現在的樂透彩也是一樣。調查看看吧！

銷售總額分配率

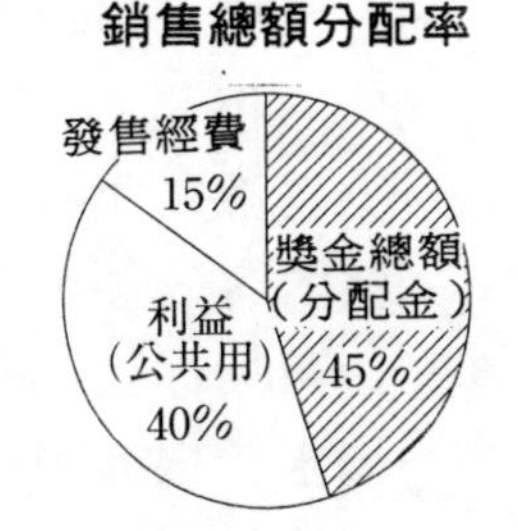

猜猜看！

⑴一般的「彩券」，有所謂的期望金額（期望值），到底是什麼呢？
⑵請調查樂透彩銷售金額的分配率。

6 賭博的遊戲與數學智慧

英國版「最後回答」

全部答對，難道是來自於會場上的暗號嗎

取消獎金，警察也成立了搜查隊加以調查

真　弓　英國民間廣播電台ITV的『人氣猜謎秀』事件，可說是「事實比小說更神奇」！

道　博士　得到最高獎金100萬英鎊的陸軍少校，從在場的大學講師的「咳嗽訊息」中得到完全正確的解答，因為被懷疑詐欺而遭警方逮捕。

真　弓　主持人共提出15個問題，只要參賽者從每個問題的4個答案中選出正確答案，則答對獎金就會增加。

在計算上$\left(\frac{1}{4}\right)^{15} \fallingdotseq 0.00000000093$

就算是巧合，能夠完全答對是很困難的。

道　博士　節目製作人檢查錄影畫面，發現「某位聽眾咳嗽的時機正好是正確解答出現的時候」。這也可以利用在「考試」的時候呢。

但是簽樂透彩或猜謎等一決勝敗的賭博，到底是屬於何種內容分類，妳知道嗎？

真　弓　你說的分類是指什麼？

道　博士　根據現行刑法第185條的規定，「賭」、「博」的定義如下。

賭──像賭單雙或是輪盤賭等，與當事人的行為無關來決定輸贏。

博——撲克牌、麻將等，藉著當事人的行為決定輸贏。

據說賭博源自於紀元前1600年的埃及，以及紀元前1300年的中國。

真　弓　賭的代表「輪盤賭」的遊戲方式，是否與數學有關呢？

輪盤的賭法與倍率

Ⓐ	單一號碼時	36倍
Ⓑ	2個號碼時	18倍
Ⓒ	3個號碼時	12倍
Ⓓ	4個號碼時	9倍
Ⓔ	6個號碼時	6倍
Ⓕ	1.2.3.列	3倍
	小. 中. 大	3倍
Ⓖ	紅、黑	2倍
	偶數. 奇數	2倍
	小. 大	2倍
Ⓕ Ⓖ	如果是0和00的號碼，則將籌碼擺在0、00上的人可以獲得36倍的倍率	

賭場籌碼

輪盤和籌碼的擺法

00	3	6	9	12	15	18	21	24	27	30	33	36	3列
	2	5	8	11	14	17	20	23	26	29	32	35	2列
0	1	4	7	10	13	16	19	22	25	28	31	34	1列

頭12個號碼（1～12）		次12個號碼（13～24）		末12個號碼（25～36）	
1 TO.18 小	EVEN 偶数	RED 紅	BLACK 黒	ODD 奇数	19 TO.36 大

(註)Ⓐ～Ⓖ是籌碼

道　博士　我以前去過拉斯維加斯，而最近在豪華郵輪內也可以享受賭博之樂。

因為禁止使用現金，所以發行『賭場籌碼』，使用籌碼就可以享受賭博之樂。結果我贏了！輪盤的賭法和倍率如上。

真　弓　我也曾經玩過，但是無法「計算機率……」，只能靠運氣來賭一把。

道　博士　「機率」是「偶然的數量化」，誕生於17世紀，創立於拉丁民族的義大利，由法國貴族加以發揚光大的學問。不過卻是在俄羅斯完成的。

猜猜看！

⑴將3張票擺在上面輪盤的Ⓑ上時，和把3張票各擺在Ⓒ、Ⓓ、Ⓔ上，到底何者比較有利？

⑵撲克牌的「21點」是甚麼樣的遊戲呢？

7 知道字典內單字、數目的「隨機的利用」

道　博士　從20世紀後半期到將來，這個社會將會以隨機的利用為主流。

裕　　君　隨機？是不是以不負責任、亂七八糟為主流？真是令人難以想像……。

道　博士　喂喂，你不要太認真嘛！

抽樣調查的隨機意義，是「隨意取出」的意思。在現代社會，這是不可或缺的數學領域（手法）。

裕　　君　首先整理如下。

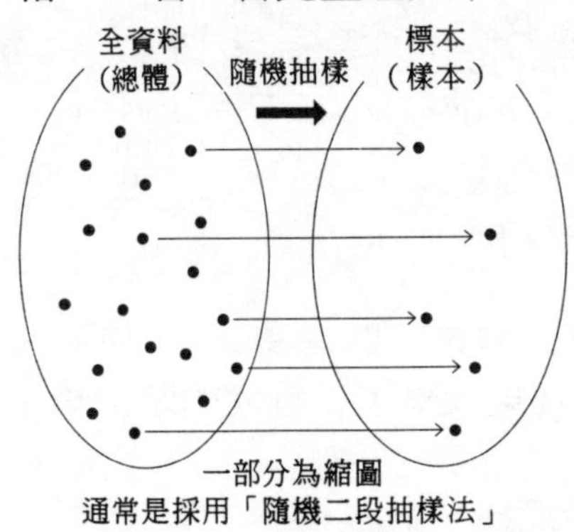

抽樣調查的利用

①時間、費用、節省工夫（估計選舉、收視率等）
②大量生產的抽樣調查（原子筆、罐頭等）
③河川、海洋、大氣的污染調查（經由少量來推測接近無限的事物）

道　博士　這時最重要的就是製作好的標本（樣本），成為所有資料的縮圖，否則毫無意義。

隨機在數學上是必要的，這時就輪到利用隨機數骰子（右圖）製作的『隨機數表』登場了。

正十二面體 0～9 為 2 組。紅、黃、藍 3 種骰子

裕　　君　在社會上，抽樣調查或隨

機數表等的確有幫助，但是日常生活中似乎不會用到。

道　博士　如果是要調查在各種字典的單字中「自己到底知道多少」，那麼就可以使用這個隨機數表。

裕　　君　使用隨機數表打開頁數，看看在這一頁裡自己知道幾個單字，試過幾次之後，經由平均值，就可以估計自己知道的單字佔整本字典的幾%。等一下我也要利用常用的字典調查看看。

隨機數表的一部分

94 13 62 65 43	76 64 64 87 95	09 17 33 84 15
18 62 55 60 01	85 32 12 08 73	64 36 42 51 56
68 77 27 49 86	29 39 30 35 75	17 70 40 74 29
95 93 82 34 90	29 31 91 58 97	30 01 51 42 24
31 55 38 83 59	17 86 86 76 16	05 77 99 97 23
81 81 76 33 35	44 67 97 19 53	93 78 33 20 03
05 18 44 23 18	01 26 84 93 60	95 90 10 86 55
73 02 08 33 04	01 12 90 06 73	47 60 17 52 27
06 09 71 20 99	06 13 42 52 12	93 08 32 10 97
63 01 72 01 40	84 66 49 46 33	64 57 09 02 62
23 43 90 86 30	16 00 82 94 14	39 60 28 46 33
46 24 76 71 25	80 39 72 86 48	20 33 78 66 21
16 79 91 45 79	27 12 15 85 89	62 83 95 33 11
52 78 13 58 35	04 09 52 44 30	13 87 39 54 22
77 30 83 27 05	66 19 74 00 67	41 99 88 77 49

道　博士　某位中學老師得知別人說他「偏袒幾名學生，每次都只叫這些人」時，就在講台上擺了一張隨機數表，公平的對待學生。

裕　　君　這的確是非常有趣的使用法呢！

道　博士　誕生於二次世界大戰的『作戰研究』（O.R.）中包括「窗口理論」。到區公所洽公的人，排在各窗口的人數並不一定，有的窗口大排長龍，有的卻都沒有人，這就成了隨機數的對象。這時並不是以來到「窗口的人數」來決定人數的平均值，而是基於隨機數來決定的。

裕　　君　隨機對日常生活也有幫助呢！

猜猜看！

(1)沒有隨機數表時，可以花點工夫做成什麼樣的代用品呢？
(2)舉出日常生活中無意識使用隨機的例子。

8 相關圖解決擔心、煩惱的事！

烏鴉數目

夜間垃圾車的輛數

真　弓　日本的中心「銀座」，其街道上處處可見剩飯，引來很多烏鴉，弄髒了街道，有沒有什麼對策呢？

道　博士　只好拜託夜間垃圾車幫忙。

真　弓　結果夜間垃圾車變得相當活躍，垃圾減少，烏鴉的數目也驟然減少。上方圖表是相關圖，與普通的形狀稍微不同。

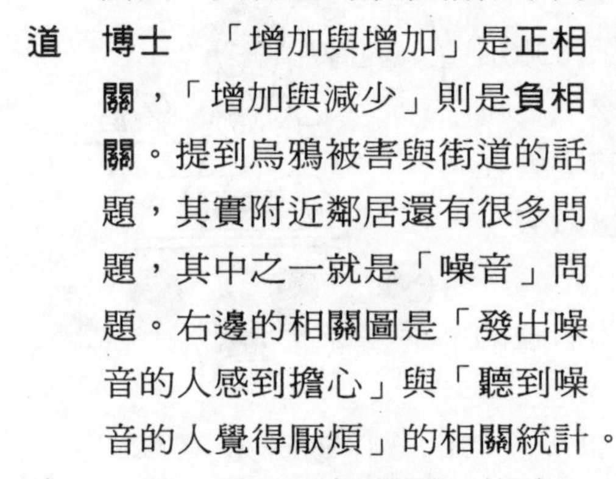

道　博士　「增加與增加」是正相關，「增加與減少」則是負相關。提到烏鴉被害與街道的話題，其實附近鄰居還有很多問題，其中之一就是「噪音」問題。右邊的相關圖是「發出噪音的人感到擔心」與「聽到噪音的人覺得厭煩」的相關統計。

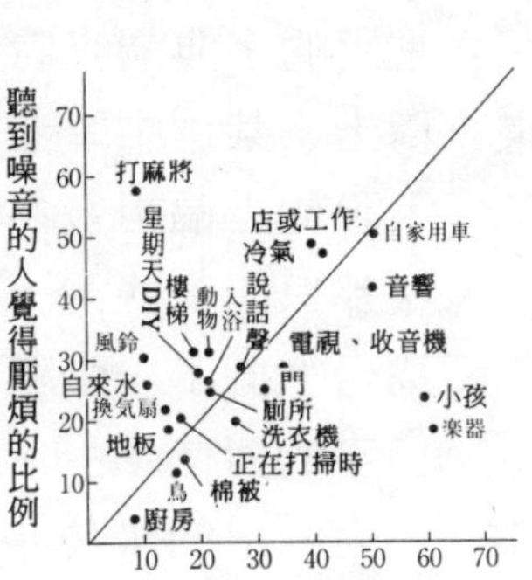

真　弓　這是正相關圖，的確可以用來參考，相當有幫助。

像對角線的直線是什麼？

道　博士　這是**相關係數**，通過資料正中央的直線。

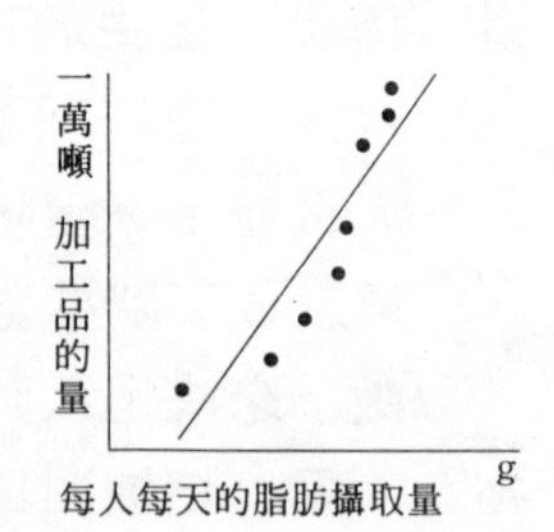

真　弓　報紙上經常提到有關健康的資訊。上方是番茄加工品的國內流通量和脂肪攝取量的相關圖。

道　博士　在『世界農業白皮書』的內容中，有像右邊所敘述的「各國每人每天的攝取熱量」。「寒冷國家的人攝取較多的熱量，而暑熱國家的人攝取較少」，這個圖也實際證明這一點。

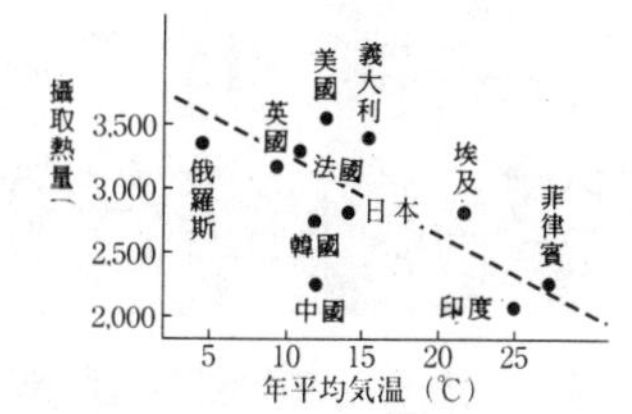

根據 11 個國家的年間調查

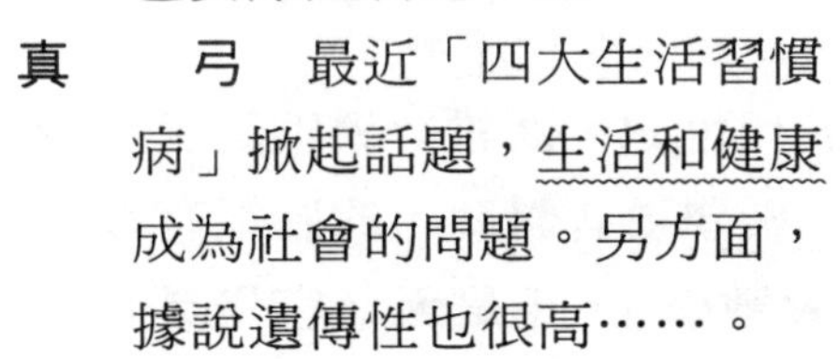

真　　弓　最近「四大生活習慣病」掀起話題，生活和健康成為社會的問題。另方面，據說遺傳性也很高……。

道　博士　遺傳（天生的）與環境（努力的）的比重，也有詳細資料（右）供參考喔！

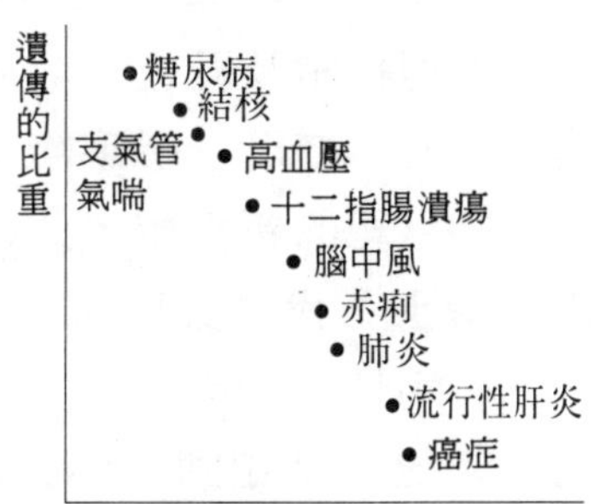

真　　弓　利用數學，就可以解除平常擔心和煩惱的心理難題，因而感到安心，這就是數學的有用性。

道　博士　此外，郵件也引發社會問題，有些無名氏會寄出恐嚇信函。妳會如何找出犯人呢？

真　　弓　最典型的方法，就是鑑定筆跡或找出發函地區，也可以採用鑑定指紋等的方法。

道　博士　利用相關圖，可以提示妳解決的方法喔！

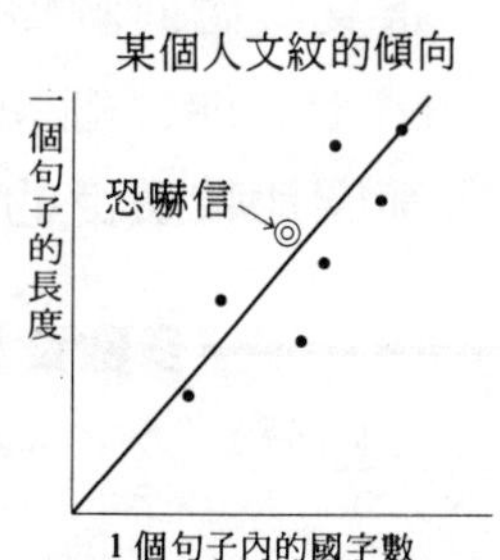

猜猜看！

(1)「醫師愈多的地區，肺癌死亡率愈高」，這個相關關係是否具有因果關係？

(2)真弓的朋友共寄來了7封信，將信的文紋（文章的習性）製作成右上方的相關圖，請你解答一下。

9 由「資料蒐集」可以看到什麼？有何幫助？

道　博士　這裡（本章）繼變化、運動之後，列舉了不確定、不確實的「偶然事項、現象的數量化」，數學有助於處理日常及社會生活喔！

裕　　君　統計、機率誕生於17世紀，而**推計學**則是誕生於20世紀的新數學，比古典數學更有幫助，的確很有趣。

道　博士　我將其稱為『**社會數學**』，正是因為它是具有「有用性」的數學。

裕　　君　話題回到前面的相關圖，「因為豪雨而沈沒的都市」，東京都的下水道局發表「大都市的下水道整頓水準」的相關圖。但是札幌卻不在相關圖中用（　）圍起來的部分，這又該如何解釋呢？

道　博士　你仔細想想看！有很多範圍比較廣泛的圖表。

大都市的下水道整頓水準

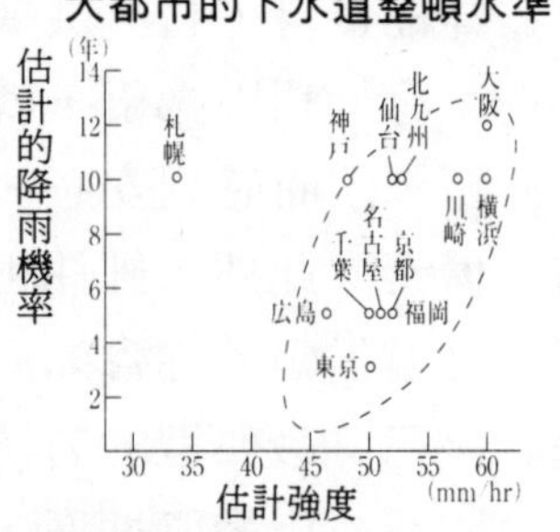

根據1999年10月15日朝日新聞，都下水道局，一部分為作者加筆

多數資料的分類及其表現（圖表）

區分			圖表
構造圖表	質的	內容	帶狀、圓形、繪畫圖表
		比較	棒狀、繪畫圖表
	量的	度數	柱狀圖表
		相關	相關圖
系列圖表	經過（時系列）		折線圖表、菱形圖表
	統計地圖		分布圖表

檢查EQ的方法

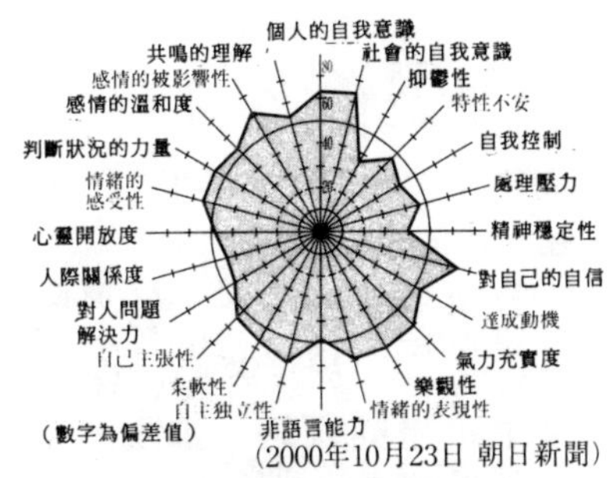

在下一次的總選舉中希望誰獲勝

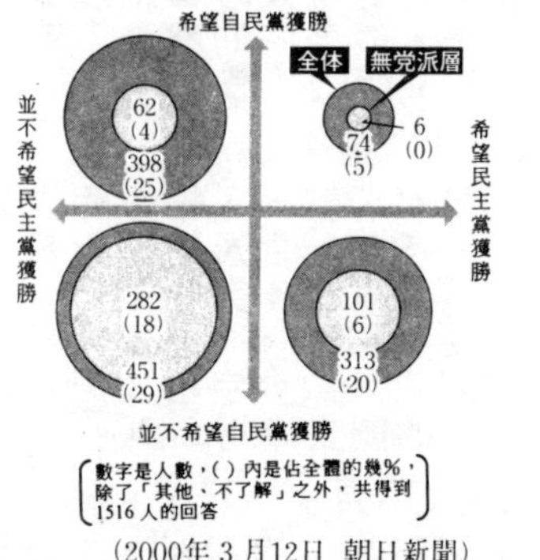

裕　　君　經常看到關於健康及興趣方面的放射狀圖表。右圖是關於最近掀起話題的「EQ」圖表。

「成功的社會人士重視的不是智能指數IQ，而是情緒指數EQ」，這也可以利用在人事的陞遷中。

道　博士　有24項，而「數值表」到底是什麼呢？有何傾向？製作圓座標形就能了解個人情緒能力，實在太棒了。

此外，也有正方形的直角座標形。你有何看法？

裕　　君　雖然很有趣，但是我不太了解。

道　博士　一般罕見的『輿論監控調查』就是這一種圖，連續利用相同的調查對象掌握時系列的變化，以觀察內閣或政黨的支持動向。亦即將著眼點置於分析上次的調查和這次的支持或不支持的相關關係上。的確有點難懂。

2種事物各自有「好惡」，相當於有四部分（象限）的表現，可以花點工夫使其更具有用性。

（註）IQ是智能指數，Intelligence Quality的簡寫。

EQ是情緒指數，Emotional Quality的簡寫。

猜猜看！

⑴請說明為何下水道的整頓沒有包括札幌。

⑵請舉例說明「圖表有用」的例子。

猜猜看！解答

1（107頁）

(1)第9名

(2)6192÷6457＝95.9%

2（109頁）

(1)算術是計算技術，而算數則是重視對於事物的思考（數理思想）。來自於劍術的劍道也是同樣的，重視的不是技術而是精神。

(2)透視法就是從1點開始凝視遠方的全景時畫出形狀的方法。最著名的就是李奧納多達文西的『最後的晚餐』。

3（111頁）

(1)成衣、鞋子、帽子等成品，大多會配合形態進行量產。某個集團最多的值。

(2)幼少年較多，老年人較少，因此人口金字塔（男女對比）的圖表成為山型。

4（113頁）

(1)65%當中的70%，所以實質上應該是65×0.7，為45.5%。

(2)醫學進步，對於普通的傷風或發燒也會給予病名。
估計世界的戰死數為
16世紀160萬人，17世紀610萬人，18世紀700萬人，19世紀1940萬人
到了20世紀增加為1億780萬人

5（115頁）

(1)（獎金總額）÷（總彩券數）＝平均值。1張300圓的彩券，期待金額是45圓×3＝135圓。

(2)根據樂透彩法案第21條，分配率的規定如下。

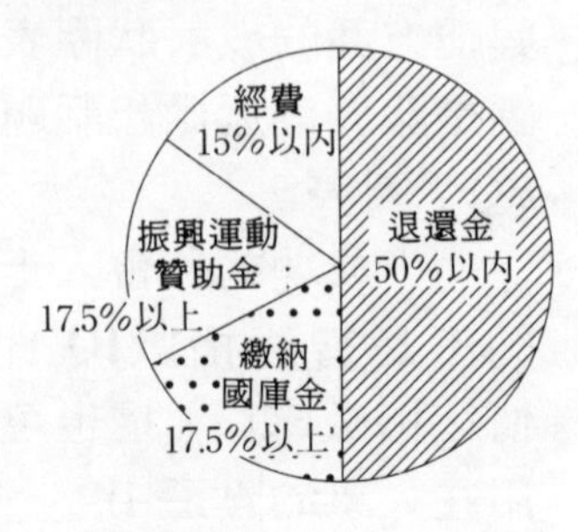

6（117頁）

(1)由倍率來看$\frac{1}{18}\times 3 \fallingdotseq 0.17$，另一種方法則是$\frac{1}{12}+\frac{1}{9}+\frac{1}{6}\fallingdotseq$ 0.36。所以各買1張的方法比較有利。

(2)如果分到的2張卡加起來為「21」，就稱為黑杰克（Black Jack），可以得到2倍籌碼的金額。超過「21」就算輸了，而愈接近「21」，獲勝的機會愈大。（圖畫卡為10，A當成1或11。可以再追加卡。）

7（119頁）

(1)將0～9的數字各寫在1張卡上或利用1～10的撲克牌。

(2)買書時會隨便翻閱。

8（121頁）

(1)沒有因果關係，只是醫療進步而已。

(2)藉著恐嚇信與以前的文章類似，就可以認定出犯人。

9（123頁）

(1)都市降雨強度不足。

(2)藉著時系列（時間經過）可以了解內閣支持率或物價變動等。

第6章

意外發揮作用的應用題與解法的話題

1 自古以來，社會需要「應用題」的原因
2 日本應用題的發展史與作用
3 挑戰重視「○○算」的時代及其解法
4 「解法形態」是社會上有用的思考方式的原型
5 從日常生活中學習應用題的「解讀力與暗示」
6 何謂推測「文章趣味性」的『文章方程式』？
7 何謂「解讀聖經之謎」的武器『文獻學』？
8 最接近文學的數學『記號邏輯學』
9 在「好吃、便宜、暢銷」中，方程式一樣活躍嗎？

1 自古以來，社會需要「應用題」的原因

應用題在遠古時代就已經存在了

裕　君　小學的算術是分數和應用題，中學則是方程式應用題、證明等。應用題對於學生而言似乎有些困難，因此被排斥。為什麼不從教科書中刪除呢？

道博士　的確有很多既難解又令人討厭的內容，如果全都是學生喜歡的內容，那當然很好。

裕　君　應用題在算術、數學上非常重要嗎？如果去除教科書中所有的「應用題」，那又會變成什麼情況呢？

道博士　如此一來，算術、數學的教科（學問）就無法成立了。而且應用題是教科的支柱……。

裕　君　古代的數學書中也有應用題嗎？

道博士　據我所知，古今中外的數學書籍中都有問題集形式。就像現在的教科書一樣，沒有很詳細的解說。右邊是明治時代「官吏考試用」數學問題集（名稱『數學三千題』上、中、下三卷）中的1頁真的是問題集，你來

(247)一麻袋重的東西賣二圓五十錢，而二麻袋重的東西可以折扣73錢，以這樣的方式銷售可以賺多少錢？
(248)二丈八尺長的綢緞售價四圓二十錢，一丈五尺售價二圓十錢，請問一尺的差價是多少？
(249)八名童子三天內要割長十六間(6尺，1.818米)寬九間的草地，每人每天應該割幾坪？
(250)容積二石五斗的桶子，一分鐘內倒入八升的水，大概要花幾分鐘才能裝滿？
(251)火車從星期六正午到星期一的下午三點奔馳五百六十一里，一小時的時速是多少？

解答看看。

裕　　君　光是閱讀就覺得很困難。

道　博士　我們所說的「應用題」，其名稱有所變遷。**廣義的問題**包括計算或圖形等在內，以前的舊名稱則是

○○○的問題　　○例題

○四則應用問題

○諸等數應用問題

○製造出來的問題

○寫出來的問題　等

現在則稱為**應用題**。

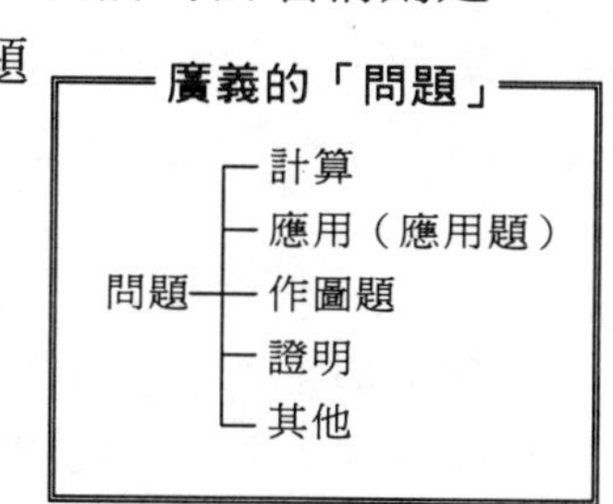

裕　　君　不過，「製造出來的問題」或「寫出來的問題」等，說法，是不是太過於直率了。

道　博士　感覺的確很不自然。其實是受到戰後（第二次世界大戰）美國教育的影響，這是「直譯的英文名稱」。後來才統稱為應用題。

裕　　君　應用題應該是非常棒的文化遺產，是「具有人類1萬年歷史的學問」。不過卻只對算術、數學的世界有所幫助，真是遺憾。

道　博士　文化遺產當然很好，不過你的結論很奇怪，因為直到目前為止，應用題依然是相當活躍的數學呢！

你仔細想想這一點吧！

猜猜看！

⑴請解答『數學三千題』（左頁）中的（251）。

⑵四則應用問題、諸等數應用問題是指什麼？

2 日本應用題的發展史與作用

道　博士　之前和裕君探討過「應用題」，真弓，妳喜歡應用題嗎？

真　弓　讀文科的我雖然喜歡文章，但卻討厭流於形式的內容或計算。通常出現新的內容時就會有新的應用題吧？

道　博士　妳指的是什麼？

真　弓　分數、小數、正數、負數、平方根等，在學習新的內容之後，一定會出現有關於這些內容的應用問題。

道　博士　這是當然的，就讀高中以後還要學三角方程式、指數方程式、對數方程式、微分方程式、積分方程式……等，每次都會附帶應用題。就是為了使用這些內容嘛。

真　弓　我感覺將來一片黑暗。

日本的應用題是什麼時候誕生的呢？

道　博士　在明治時代受到『西方數學』(洋算)的影響之前，『中國數學』建立了「日本古代數學」的基礎。(右表)

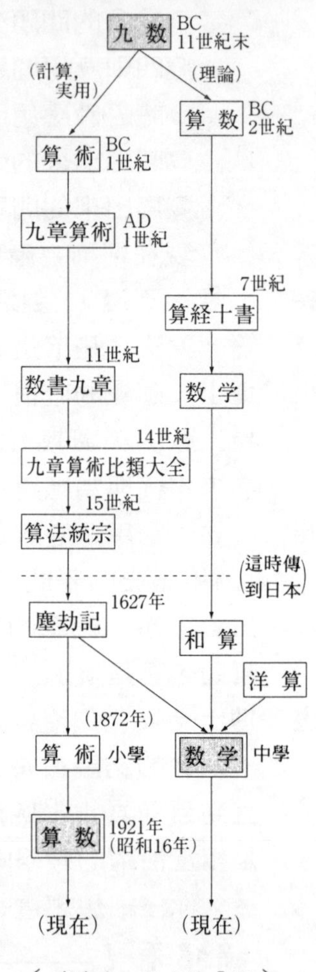

真　弓　應用題的例子是……。

道　博士　舉中國在紀元1世紀時的名著『九章算術』中的2個例子，稍後解答看看。

衰分（比例）

某個女子織布的速度1天比1天快1倍。5天織5尺布，那麼第1天織幾尺？

方程（右邊內容）

上稻3束、中稻2束、下稻1束的稻子共39斗

上稻2束、中稻3束、下稻1束的稻子共34斗

上稻1束、中稻2束、下稻3束的稻子共26斗

若是各1束上稻、中稻、下稻的稻子，則共幾斗？

九章算術卷第八

方程　以御錯糅正負

〔一〕今有上禾三秉，中禾二秉，下禾一秉，實三十九斗；上禾二秉，中禾三秉，下禾一秉，實三十四斗；上禾一秉，中禾二秉，下禾三秉，實二十六斗。問上、中、下禾實一秉各幾何？

答曰：

上禾一秉，九斗、四分斗之一，

中禾一秉，四斗、四分斗之一，

下禾一秉，二斗、四分斗之三。

真　弓　這是2000年前的應用題嗎？糟糕了。

道　博士　看前面的表就可以知道，這本書對中國後世的影響極大，可以說是15世紀『算法統宗』和17世紀日本名著『塵劫記』（私塾的算術書）的典範。

『塵劫記』的作者吉田光由是個非常幽默的人，在沒有範本的情況之下創造出猜謎型的問題，收入於下卷中，後來發展為「〇〇算形式的應用題」。

真　弓　這對老百姓的日常生活也有幫助呢！

猜猜看！

⑴試說明應用題和方程式的關係。

⑵解上面的衰分問題。

3 挑戰重視「○○算」的時代及其解法

道　博士　日本獨特的「○○算」堪稱應用題的基本型，但是最近被忽略了，真可惜。

裕　　君　博士喜歡江戶時代傳統的數學吧！

道　博士　之前我也對真弓說過，中國傳來的數學變成日本流的『塵劫記』，在江戶300年內成為私塾的算術教科書，是在世界上可以引以為傲的『和算』的入門書，再不重視它，那就是日本之恥了。

裕　　君　『塵劫記』的內容如右表所示。各項「標題」深具魅力。

從九九開始，日常生活用、職業用等內容相當廣泛，下卷甚至還涵蓋了猜謎，一看就是對老百姓有幫助的算術。

道　博士　我畫上◯的項目就是「○○算」的出發點。以現代的話來說，就是

杉算、入子算、鼠算、倍

『塵劫記』（1627年）的目錄

項目	內容	分類	卷
第1	大數的名稱	日常的必須算法	(上卷)
第2	從1看小數的名稱	日常的必須算法	
第3	從一顆石頭看小數的名稱	日常的必須算法	
第4	田的名稱	日常的必須算法	
第5	諸物輕重之事	日常的必須算法	
第6	九九之事	日常的必須算法	
第7	八算割的附圖乘法	日常的必須算法	
第8	見一比例的附圖乘法	日常的必須算法	
第9	乘除法之事	日常的必須算法	
第10	買賣米之事	米袋	
第11	草袋算之事	米袋	
(第12)	杉算之事	米袋	
第13	堆在倉庫中的草袋之事	米袋	
第14	買賣之事	金錢計算	
第15	換銀兩之事	金錢計算	
第16	換金子之事	金錢計算	
第17	換碎銀之事	金錢計算	
第18	利息之事	金錢計算	
第19	買賣絲綢之事		
(第20)	入子算之事		(中卷)
第21	常崎購物，三人合買分配之事		
第22	船的運費之事		
第23	丈量土地面積之事	商業土木	
第24	知行物成之事	商業土木	
第25	公升法附古代的枡（量具）法	商業土木	
第26	成千上萬的公升估計法	商業土木	
第27	買賣木材之事	商業土木	
第28	滾動柏樹皮之事附帶滾動竹子之事	商業土木	
第29	堆積屋頂蓋板之事附帶高度的延伸	商業土木	
第30	鋪屏風之事	商業土木	
第31	川普請割之事	商業土木	
第32	堀普請割之事	商業土木	
第33	橋樑移入城中之事	商業土木	(下卷)
第34	估計樹木長度之事	商業土木	
第35	估計城鎮之事	商業土木	
(第36)	鼠算之事（按幾何級數增加的算法）	猜謎的問題	
(第37)	每天增加一倍之事（倍數算）	猜謎的問題	
第38	日本國內的男女數之事	猜謎的問題	
(第39)	烏鴉算之事	猜謎的問題	
第40	用開立法估計一千個金銀之事	猜謎的問題	
第41	絲綢一匹、布一匹，線的長度之事	猜謎的問題	
(第42)	分油之事（分油算）	猜謎的問題	
(第43)	百五減之事（百五減算）	猜謎的問題	
(第44)	藥師算之事	猜謎的問題	
第45	四人騎三匹馬行六里之事	猜謎的問題	
第46	開平方之事		
第47	開平圓方之事		
第48	開立方之事		

數算

烏算、油分算、百五減算、藥師算等。

裕　君　大正末期到昭和初期是正式的○○算的全盛期，約有30種。

道博士　你似乎很感興趣，那麼我就分類給你看吧！

「和與差」型：雞兔同籠算、年齡算、平均算、過與不足算、和差算、布盜人算
「速度」型：旅人算、鐘錶算、通過算、流水算
「比例」型：工作算、分配算、相當算、歸一算、還原算、百雞算
「對應」型：植樹算、消去算
「猜謎」型：小町算、填空算、覆面算
其　　他：矩陣算、匯率算、集合算

裕　君　有些我知道，有些是第一次耳聞。我想知道全部的內容。在日本，何種○○算最發達呢？

道博士　以某種意義來說，應該是以有幫助的算術為優先考慮。簡言之，(明治時代的應用心理學)→(頭腦愈用愈聰明)→(解決難題主義)→(升學考試的算術難題)→(考試對策的各型分類)亦即考試的產物。

裕　君　為了升學考試能夠合格，因此「有幫助的○○算」流行起來。不過，現在為什麼○○算會銷聲匿跡呢？

道博士　『算術』變成『算數』之後，「藉著型區分解應用題的技術並不討喜」，而且誕生實驗心理學、批判難題主義等都是原因。

裕　君　現在的教科書有這些內容，但是沒有使用名稱。不過像測驗本『算術自由自在』等，則是按照上面的分類來出題。

道博士　在數學上，分類、分型很重要，事實上，現在的應用題有30多種，我只能教導你其中的一部分。

猜猜看！

(1)為什麼平常很少用到的○○算對實際生活有幫助呢？
(2)「兒童坐在講台的長椅上，1張椅子坐7個人，則有8個人沒有座位，1張椅子坐8個人，則還剩下7張椅子，那麼到底有幾名兒童」，這是什麼算？該如何解答？

4 「解法形態」是社會上有用的思考方式的原型

真　弓　世界上最古老的應用題是什麼？我想挑戰看看。

道 博士　在紀元前17世紀的古埃及時代，由記錄數學的官吏阿梅斯所整理出的『阿梅斯紙莎草』中有87道問題，其中一半都是應用題。我從中挑選出2個比較簡單的問題問妳（右邊的2個問題）。妳解看看。

> **阿梅斯紙莎草**
>
> ⑴100個10佩弗斯的麵包，可以交換幾個45佩弗斯的麵包？
>
> ⑵要納貢的牛隻是牛群的$\frac{1}{3}$的$\frac{2}{3}$，有70頭。請問牛群的數目？

真　弓　佩弗斯是重量的單位吧？像麵包、納稅等話題，都是和我們日常生活息息相關的應用題。

那麼我就來解看看好了。

⑴能夠交換x個時

$10 \times 100 = 45x$

所以$x \fallingdotseq 22$　約22個

⑵牛群為x頭時

$x \times \frac{1}{3} \times \frac{2}{3} = 70$

$\frac{2}{9}x = 70$

因此$x = 315$　315頭

道 博士　答案很正確，但這是使用x的方程式解法。方程式（移項法）誕生於8世紀的阿拉伯，在數學發展史上，這是違反規定的解法喔，應該要用傳統的解法來解答。

真　弓　我已經養成「用方程式解應用題」的習慣，所以想不出傳統的方法。

道　博士　不要想得太難。我經常提出右邊的5個方法。

真　　弓　這可能是某種「智慧的順序」(解法的好壞順序)的方法吧！

道　博士　妳的「直覺」很準，不過也有例外，例如在日常生活中，也會無意識的利用「解決事物的方法或思考方法」。

解法的形態

(1)直覺(數目直覺)
(2)捏死虱子法(也可以利用電腦)
(3)錯誤嘗試法(假設法)
(4)逆算法(逆思考)
(5)移項法(順思考)

真　　弓　博士想說的應該是「數學是思考法的原點(原型)」，所以要學數學喔！

道　博士　稍微具體說明一下(2)～(5)。

捏死虱子法　虱子是一種吸血蟲，動作遲鈍。古希臘的艾拉特斯提尼斯(B.C.3世紀)，會將虱子一隻隻的捏死以求出素數。

在現代則會使用能力超強的電腦。

錯誤嘗試法　調查想出來的答案是否正確，嘗試幾次錯誤之後，就會接近正確的解答，最後得到正解。古代各民族將其稱為「假設法」。

逆算法　「用減法驗算相加的結果」，亦即倒過來算，重新回到原點的逆思考方法。

移項法　先設立能夠「得到答案」方程式，然後解答，這是按照順思考的方式來解答。

猜猜看！

(1)「直覺」在什麼樣的情況有用呢？
(2)「幾枝120圓的原子筆以及1本200圓的筆記本，總共800圓」，用上面(1)～(5)的方法求出到底有幾枝原子筆。

5 從日常生活中學習應用題的「解讀力與暗示」

應用題的誕生與必要性

- ○個人對於數量的計算與思考時
- ○在人際關係上必須傳達意思時
- ○與社會的構成，例如農耕、納稅、利益分配、煉金、建築物等事項有關時

裕　　君　我已經翻閱過博士提及的埃及古典著作『阿梅斯紙莎草』（紀元前17世紀）和中國名著『九章算術』（紀元1世紀）的項目。

道　博士　關於「應用題」，你有何發現？

裕　　君　整理之後如右表所示。仔細想想，算術、數學是與我們最接近的教科（學問），但是教科書或數學書太過於整理性、抽象化、理想化，與日常生活、社會生活距離太遠，讓人感覺是沒有幫助的教科（學問）。

道　博士　簡單的說，你認為教科書不好囉？因為它捨棄了血、肉，只剩下骨頭。如果老師們能彌補這個缺點，那就太好了……。

裕　　君　就把現實問題變成應用題來探討一下吧！

現實問題

某個晴天的日子，市內某公園聚集了一群人。有5人是來自A市的親子，還有來自B市的8個學生。請問公園內有幾人？

捨棄無用的東西 ⇒ 只留下文章的精華

應用題

公園內有5人來自A市，有8人來自B市，共有幾人？

將其記號化變成式子 ⇩

$5+8=?$

亦即捨棄除了說明數量以外的一切。

道　博士　那麼，接下來就要開始解答問題了。你會如何解右邊的應用題呢？

有 A、B、C3 條帶子，A 比 B 長 20 公分，C 比 A 短 44 公分。此外，B 與 C 的和為 120 公分。求 A、B、C 各自的長度。

裕　　君　首先仔細閱讀，思考文章的意義，然後再畫圖。

道　博士　亦即「解讀」和「暗示」。請畫暗示的圖。

裕　　君　畫出了這樣的圖（右邊的線段圖）。應該還有更好的圖吧！

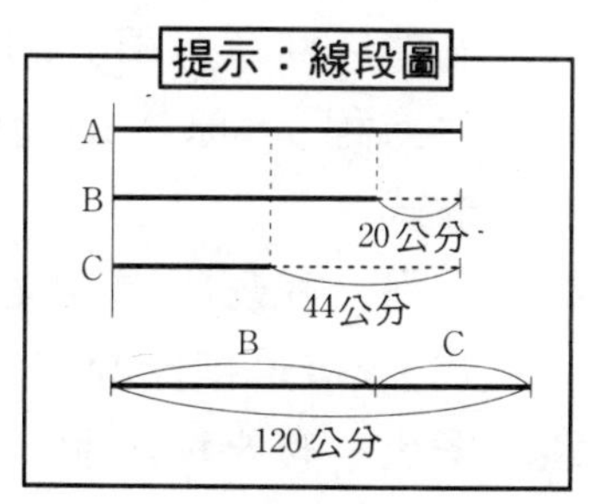

道　博士　我曾針對某個小學的某一班，調查關於應用題解法的基礎「解讀力與暗示」。

你猜，我得到什麼樣的結果？

裕　　君　我的想法如下。

○國語很棒的兒童，應用題的成績也很好。

○給予線段圖等暗示時，就能充分解答應用題。

道　博士　我也是這麼想，但是結果卻出乎意料之外。讀很多書的孩子卻和「應用題的解讀力」無關。而「暗示」似乎也脫離了孩子們的想法，反而造成混亂。日常生活中也是如此。

猜猜看！

⑴解答右上方的應用題。
⑵為什麼讀很多書的孩子不見得具有很好的應用題解讀力呢？

6 何謂推測「文章趣味性」的『文章方程式』？

戀愛方程式
勝利方程式
成為女人典範的女人方程式
家計方程式
處刑方程式
東西
冬天的「火鍋方程式」
無解方程式
壓力與工作的方程式
競爭心較強的「A型」男子無法抵擋壓力
國王方程式

真　弓　可能我很喜歡方程式吧！因此，會使用社會上流行的「方程式」說法。

道 博士　方程式這個詞彙來自名著『九章算術』的「第八章方程」，原本是指聯立方程式。

真　弓　我聽說過「文章方程式」，這是指什麼呢？

道 博士　有幾種說明，不過自從電腦蓬勃發展後，就連文學也數值化、數量化，對於文學方面也有新的發現，進入頗耐人尋味的時代。這也算是數學的有用性，同時出現以下的提案。

美國雷修博士的『文章方程式』

○容易閱讀的式子 E

句子長度100字的x，音節數為y時

$$E = 206.835 - (1.015x + 0.846y)$$

○有趣的式子 I

100字的人格語數為x，100個文章的人格文數為y

$$I = 3.635x - 0.314y$$

（註）「人格」是人品，與知、情、意等有關

真　　弓　數值化文章的「容易閱讀」或「趣味性」，實在是很不可思議。雷修博士是如何製作這個方程式的呢？

是不是基於許多資料、花很多工夫使其變成公式？

道　博士　文章的評價因人而異，具有微妙的差距。

與此情況類似的，就是利用文書處理機的『文章診斷法』。例如

●憲法、審判的判決文

●小說、文學讀物、童話

●新聞報導、週刊雜誌

等文章，基於右邊表的觀點，容易閱讀性可分為適當、過多、過少，依照不同的尺度加以「點數化」，的確是頗耐人尋味的方法。某些開頭文章的點數如下。

判斷的標準

○文章的平均長度
○出現標點符號的頻率
○國字
○衍生語
○互換語詞
○未登錄語
○指示代名詞
（國字～指示代名詞）等的使用比例

吉本的『廚房』99點，夏目漱石的『草枕』93點，判決文50點。

真　　弓　哇，真有趣啊！雖然我不知道如何使用文書處理機，但從這也可以看到數學的有用性呢！

道　博士　而像「數量語言學」或「計量文獻學」等，利用電腦發展出新領域的新研究，實在意義深遠。

想就讀文科的人，也需要「新數學」的學力喔！

猜猜看！

(1)趣味式子I中，人格語數為15、人格文為8，求I。
(2)利用文章診斷，找出手邊點數較高和較低的書。

7 何謂「解讀聖經之謎」的武器『文獻學』？

數學	文學
邏輯	情緒
理性	感性
客觀	主觀

道　博士　數學與文學各自為理科、文科的代表，長期以來被視為是「配極的學問」，具有如右表所示的對立情況。

裕　　君　與左腦、右腦的關係一樣。

如此一來，就會變成了根本問題，最近數學陸續發揮力量，解決了「文學界的難題」。「數學到底是什麼」呢？

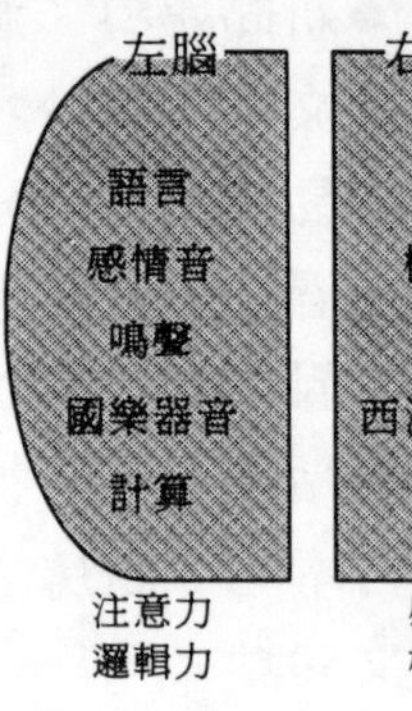

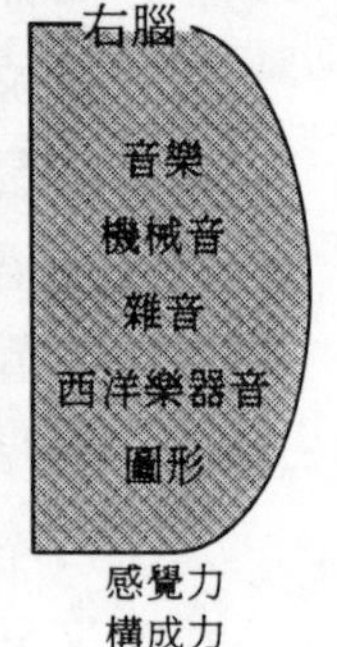

道　博士　曾經和真弓談過將文章的「容易閱讀性」和「趣味性」「加以數值化的方程式」。

「90點以上　有世界文學的水準，值得閱讀的作品」

「80點以上　應該記錄在近代日本文學史的作品」

「70點以上　現代文學中的優秀作品」

對於這些文學作品都給予點數，加以評價。的確已經數量（值）化了。

裕　　君　那麼，是如何計算點數呢？

給予主觀的文學點數，的確很有趣。那麼，博士您的文章又是如何呢？

道　博士　拙著中的一篇文章，也曾經在某國立大學的二次測驗「小論文」中被採用（1999年度）。你可別小看我喔。

新的文獻學

可以用來解開聖經之謎

利用統計分析探索關係

利用電腦進行統計分析，探索文學作品之間的關係，辨別文書的真假，找出書籍不明的作者。這個新手法現在備受注目。東京工業大學研究院的中川正宜教授（認知科學）等人，挑戰聖經學的大問題，得知成立新約聖經的福音書的過程。（杉本　潔）

（註）『相似思考的建議——模仿有什麼不好——』

裕　君　真是令人刮目相看。前些日子看到報紙上的標題（右），挑戰世界上擁有最多讀者的『聖經』之「謎」。進行「統計分析」，這時數學就派上用場了。

道　博士　1980年，英國的數學家湯瑪斯·梅理亞姆使用電腦實際證明長久以來作者不明的戲曲『湯瑪斯墨亞之書』是莎士比亞的作品。

裕　君　是用什麼方法呢？

道　博士　理論上是很簡單的方法，說明如下。

（從『湯瑪斯墨亞之書』中挑出41種寫作的習性（文紋））

（從莎士比亞代表性的作品中挑出3個作品的習性（文紋））

結果發現有40個寫作習性一致，確信是莎士比亞的作品。

裕　君　利用電腦進行統計分析，導出結果，這是最適合用來了解作者不明的作品的方法嗎？

道　博士　像日本紫式部的『源氏物語』54卷，「最後的10卷應該是女兒『大貳三位』的作品」，也利用這個方法解開了長久以來的疑問。

裕　君　在文學問題上，今後數學應該會變得更有用囉！

猜猜看！

⑴日本也曾調查13世紀日蓮聖人的著作，結果如何？
⑵為什麼文章的寫作習性稱為「文紋」？

8 最接近文學的數學『記號邏輯學』

真　　弓　博士和裕君提到「遠古時代的人也有應用題」，應該是過了很久以後才變成記號形式吧？

道　博士　總之，經過右邊的3個階段之後才變成像現在這樣只有記號的方式，人類花很長的時間走了一段相當辛苦的路。

真　　弓　我能夠想像(1)的期間很長，而(2)又是從什麼時候開始的？

道　博士　(1)的階段如右所示，除了數以外，用語言表示。

(2)則如以下的內容所述。

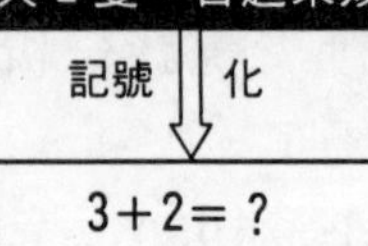

(1)修辭的代數
全部用詞彙表示，亦即所謂的應用題形式
(2)省略代數
將一部分偶爾使用的東西記號化
(3)記號代數
全文都變成記號

(1) 3 et 5 aequalis 8
(3) 3 + 5 = 8

(( )為現代)

魯道夫的『代數學』(1525年)

1𝒵 aequatus 12𝒳 − 36

$(x^2 = 12x - 36)$

威耶塔『方程式的改良』(1646年)

1C + 30Q + 44N, aequatur 1560

$(x^3 + 30x^2 + 44x = 1560)$

魯道夫是16世紀活躍於德國的數學家，而威耶塔是17世紀活躍於法國的數學家。

這個(2)則是在15世紀到17世紀時迅速發展。這個研究始於義大利，活躍於英國、德國、法國等地的數學家中，但是，妳知道其關鍵是什麼嗎？

真　　弓　應該是在15世紀的歐洲吧！

啊，我知道了！應該和大航海時代有關。

道　博士　沒錯，請說明經過。

真　　弓　在地中海受到土耳其控制時，歐洲各國

〔尋求未知的殖民地、通商地〕⇨〔朝充滿危險的大西洋前進〕⇨〔為了航海安全而利用天文學〕⇨〔天文學需要計算〕⇨〔計算專家登場〕

這個『計算師』創立了各種計算記號，對『代數』影響甚鉅。

道　博士　相當正確，妳非常的了解嘛。

17世紀可說完全是記號代數的時代。

真　　弓　利用記號簡潔的表現冗長的應用題這種「語言的文章」，應該是17世紀以後的事吧！

這是使用x的方程式吧？

道　博士　以前有人認為（方程式）＝（代數），而在「數學的世界」，記號化更進步了。

真　　弓　除了應用題之外，後來又將什麼記號化了呢？

道　博士　命題、推論的領域啊。像邏輯計算、組織邏輯學的範圍就稱為『記號邏輯學』。（右例）

（邏輯）	（記號）
若 p 則 q	$p \to q$
p 且 q	$p \wedge q$
p 或 q	$p \vee q$
非 p	$\bar{p}$

真　　弓　又出現了很多記號。

看來，以後文學的文章全都會變成記號了。真擔心……。

猜猜看！

(1)19世紀，利用『記號邏輯學』的英國著名童話作家是哪一位？

(2)同類的∀、∃記號是什麼意思？

9 在「好吃、便宜、暢銷」中，方程式一樣活躍嗎？

裕　君　我好久沒挑戰料理了。

做「煎蛋捲」只要1個蛋就夠了，但是食譜書籍中的煎蛋捲卻需要使用到很多的材料。讓我嚇了一跳。

材料

○蛋　○鹽
○洋蔥　○胡椒
○荷蘭芹　○調味料
○奶油　○番茄
○砂糖　……

道博士　我們經常不經意的吃著小點心，看了原料表之後，才知道原來裡面有很多東西。

裕　君　正如博士所說的，把冰箱裡的東西全都拿出來，才發現種類真的很多。

道博士　例如，牛肉蓋飯或炸雞，雖然不是「好吃、便宜、迅速」的食品，但是這一類的食品都是以「好吃、便宜、暢銷」為最大目標。

名　稱	點心（巧克力）
品　名	一口巧克力
內容量	300g（含包裝紙）
原　料	砂糖、可可粉、全脂奶粉、可可奶、植物性油脂、脫脂奶粉、乳糖、卵磷脂、香料

品名　**總匯三明治**
麵包、蛋、去骨火腿、番茄、小黃瓜、雞肉、培根、其他
著色料（胡蘿蔔素）
調味料（氨基酸等）、抗氧化劑（V.E）、發色劑（亞硝酸 Na）、保存料（聚賴氨酸）、酵母菌、乳化劑、磷酸 Na、香辛料、酸味料

裕　君　博士是不是要說「數學有幫助」呢？數學也能在這一方面派上用場嗎？

道博士　你不要驚訝，這當然需要數學。

裕　君　傳統的代數幾何與17世紀以後的函數、統計、機率、估計等，和「食物」似乎無關。

道博士　混合食品或煉製食品都需要數種原料，而各原料

是幾g以上或以下，這些都需要利用到古老數學的方程式（不等式）。

例如下面的圖表。簡單來說，已經到了方程式(不等式)嶄露頭角的時代。

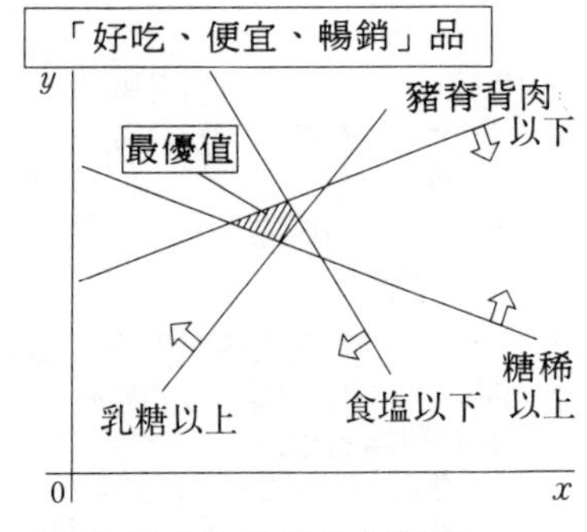

（註）以上為直線的上半部
以下為直線的下半部

烤火腿

豬脊背肉、糖類（乳糖、糖稀）、食鹽、蛋白加水分解物、植物性蛋白、乳蛋白、酵母萃取劑、香辛料、調味料（氨基酸等）、磷酸鹽（Na）、抗氧化劑（維他命 C）、發色劑（亞硝酸 Na）

等平常放入其他肉類中，總計 15 種。

各條件（方程式）製作成圖表 ⇒ 求**最優值**（在此是指斜線部分）

裕　　君　這就是「十五元一次聯立方程式、不等式」吧。而我只能做到三元聯立方程式。

道　博士　以前就知道理論，但卻無法計算，因此，只好向三百元、五百元、千元的聯立方程式投降。然而隨著電腦的發展，可以解決最大的難題，所以，在現代社會成為有力的數學。

裕　　君　是什麼數學呢？

道　博士　就是之前我經常提到的『O.R.』作戰研究中的『線性規畫法』（L.P.）這個新領域的數學。

裕　　君　方程式是既古且新的數學。今後我再也不敢低估它了。

猜猜看！

⑴請利用圖表表示$2x-y \leqq 1$的範圍。
⑵建設1個新的生產工廠時，需要哪些條件？

猜猜看！解答

1（127頁）

(1)51小時走了561公里，因此
$561 \div 51 = 11$　時速11里

(2)四則應用問題的四則是加減乘除，諸等數應用問題則是○時○分、○ℓ○dℓ等帶有複名數（單位）的問題。

2（129頁）

(1)方程式是指要解答應用題等使用文字所擬定的式子。

(2)第1天為x尺時，
$x+2x+4x+8x+16x=5$
亦即$31x=5$，$x=\frac{5}{31}$　$\frac{5}{31}$尺

3（131頁）

(1)現實生活非常複雜，因此盡量給予簡單的條件加以理想化。

(2)過與不足算。有x張椅子時，
$7x+8=8(x-7)$ 所以$x=64$
$64 \times 7+8=456$　456人

4（133頁）

(1)因為是大約估計，所以，能夠防止取位時弄錯或思考錯誤。

(2)①可以買5、6枝吧！
②1枝320圓，2枝440圓……依序調查。
③一次買4枝時為680圓，所以……稍後再調整。
④800圓－200圓＝600圓，這是原子筆的錢，所以600圓－120圓……
⑤x枝時為$120x+200=800$

5（135頁）

(1)$A=x$時，$B=x-20$，$C=x-44$，
因此$(x-20)+(x-44)=120$
所以A、B、C各自為92、72、48公分

(2)讀很多書的孩子，有些是對內容感興趣，但是卻不注意文章內的數量關係。

6（137頁）

(1)$I=3.635 \times 15-0.314 \times 8=54.525-2.512 \fallingdotseq 52$

(2)較高的點數是推理小說、偵探小說等，較低的點數則是憲法或市條例等。

7（139頁）

(1)為了確認真偽，所以從日蓮聖人的著作中取出文紋，以此為基礎加以分析，發現真正的作品有24，弟子的作品有5，偽作16，不明5。

(2)就像手、腳的指紋一樣足以代表個人，可以代表個人獨特的文章形態，所以稱為文紋。

8（141頁）

(1)『愛麗絲夢遊仙境』的作者路易斯．卡洛爾是牛津大學教授，本名C.R.德吉森。

(2)∀ 是「一切的」（總稱記號），∃ 這個則是「有」（存在記號）。

9（143頁）

(1)如右圖所示。$y \geqq 2x-1$

(2)場地、面積、設備、員工數、薪資、材料等200種條件以上。

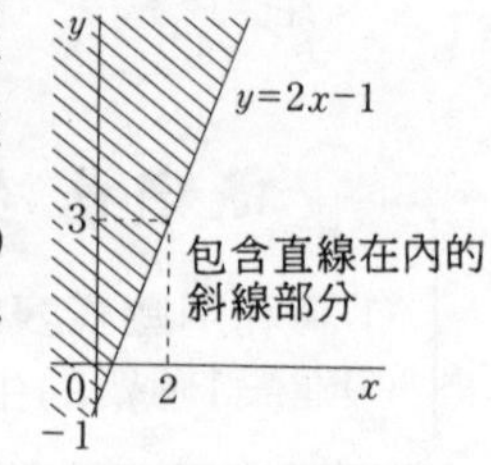

終　章

處處發揮作用的「數學及其思考」

1　何謂「大小恰好」？
2　事物的「定義」與矛盾
3　「大袋子」方不方便？
4　猜謎對社會有幫助！
5　「流程作業」的有效使用法
6　「出乎專家意料之外」的理由
7　探索社會「奇蹟」的背後
8　二進位法在打孔卡上相當活躍
9　對於「審判的裁決」殘留疑問
10　現在、未來『最新數學』的知識！

1 何謂「大小恰好」？

人工？自然？製造出黑白

道　博士　右邊是2001年12日的報紙標題，你覺得這是指什麼呢？

裕　　君　完全看不出來。

道　博士　那是在和歌山線的觀光設施「熊貓生下小熊貓」的報導，自然交配之後採用人工授精的方式生下小熊貓，但真正生下小熊貓的方法為何不得而知，所以才用「？」，因為是熊貓，因此又加上黑白兩字。

裕　　君　「是人工還是自然」的問題，這經常成為社會上的大課題呢！

例如手機，向來都很大，但是後來變成折疊式的「掌中型」之後，非常暢銷。

「手掌」是對人類而言比較自然的大小。

自然區分的國界（歐洲）

人工區分的州（美國）

道　博士　「大小恰好」，較容易被接受。回顧人類社會文化、文明的發達，所有的出發點就是要「回歸自然」。「繩文人建造住宅的方式」，要配合木頭的成長期間，總計要花20年。此外，也會把自然、人工對比最明顯的地區當成國境、州境或縣境等邊境。

裕　　君　河川、山等大自然就是最好的屏障，可以當成國境、縣境，京都的「人工街」模仿中國的長安（棋盤型），很有趣喔！

〇條、〇〇通的間隔是自然尺度，亦即「恰好的間隔」。

道　博士　人類以自然為基礎的『度量衡』（長度、體積、重量）制度，的確很精妙。事實上，任何民族、國家的度量衡制度都是以「大小恰好」為出發點。例如手、腳的長度。

裕　　君　『米制』是19世紀在法國創立的。當時歐洲各國的度量衡各有不同，為了避免混亂而想出這個方法。雖說是人工的方式，但是，長度的標準仍然是以「地球的周長」這種大自然為基礎

道　博士　現在，是以某個電波的長度為基礎，不過這也是自然的。亦即人類社會雖然一直尋求人工這種客觀的看法，不過這些都存在於自然中。

裕　　君　日本的『米制』由法律強制規定，例如日常生活中的「幾坪建地，住家多大」、家具、生活用品等，仍然是使用『度量衡』的單位。

道　博士　「大小恰好」的東西有哪些，你舉例一下。

猜猜看！

⑴「沒有羽毛的雞很方便」，於是努力的改良，成功的製造出恰好的雞。結果如何呢？

⑵「地球上恰好的人口是多少」，研究團體將目前的60億縮小為100人的村落時，則亞洲57人，歐洲21人，南北美14人，非洲8人，而日本有幾人呢？

2 事物的「定義」與矛盾

真　弓　從報紙上得知，美國東部巴蒙特州的州最高法院判決「男同性戀、女同性戀的婚姻，應該和男女間的婚姻一樣要有權利保障」。如此一來，「結婚」的定義到底是什麼呢？

道博士　日本憲法第9條的「戰爭」，一直都是被討論的焦點。

真弓，妳認為在社會上的「定義」到底是什麼？

真　弓　例如（右）大家在報紙和電視上討論的話題……。詞彙、用語、事物的「定義」的產生，是為了避免解釋因人而異，所以才會嚴格加以規定。

道博士　「想要建立定義」的構想是在何時、如何產生的？

真　弓　紀元前17世紀，統一美索布達米亞的巴比倫王國的漢穆拉比國王，制訂了著名的『**漢穆拉比法典**』，成為後世國法（憲法）的原型，我想應該就是從這個時代開始的。

道博士　嚴格說起來，應該是在古希臘時代。

「童工」的定義是必要的

「腦死是指人的死亡」為46％

本報進行全國輿論調查　對移植抱持期待與不安

「周邊」定義自由時日

托兒所　Q　有定義嗎？

以新定義來整理

○腦死問題
○結婚（上記）
○牛肉蓋飯　○停車場
○瓦楞紙板小屋

在判決以上的各定義

○ 冷凍進口牛肉蓋飯含有60％以上的牛肉
○ 如果店鋪擁有能夠讓顧客停3輛車的空間就夠了
○ 瓦楞紙板小屋不是垃圾，所以強制遊民加以拆除是違反規定的作法

真　　弓　古希臘的盛世是紀元前6世紀，到紀元4世紀的約1000年內，廢除奴隸制度，變成完全的民主主義社會。而討論與說服力是不可或缺的。為了討論、說服，因此要有明確的「定義」吧！

道　博士　需要定義的真正理由是為了對抗矛盾。例如，艾雷亞為了對抗在義大利南部開設學園的畢達哥拉斯，因而創立了艾雷亞學派，他的弟子奇儂所提出的「4個逆說」就是矛盾的代表，造成極大的影響。與此有關的則是

○直線是無數個點的集合體，相反的，聚集很多不大的點則無法構成線。

奇儂的逆說

1.阿基雷斯與龜
2.二分法
3.飛箭不動
4.競技場

真　　弓　點要如何定義呢？

道　博士　紀元前4世紀的哲學家柏拉圖認為「『點』是只有位置而沒有大小的東西」，這個說法本身也有矛盾之處，現代則將其視為無定義述語。

與「公理」同樣的，出發點是「不得爭論」。

例如被問到「你是否愛『國』」，有人會回答「我不愛國，但是我愛這裡的文化」。妳有何看法？

真　　弓　「文化」是這個國家或民族的一部分。文化為該國獨特的財產，而國家則會因當時的領導者而出現好壞的變化。

猜猜看！

(1)「從所站的位置到面前的門為止，排列著無限的點，所以在有限的時間內是無法到達的」，這種說法就是上面的「二分法」。應該如何回答較好？
(2)等腰三角形的定義是「2底角相等的三角形」，那麼，如何定義「角」呢？

3 「大袋子」方不方便？

12的約數

1，2，3，

4，6，12

用2隻腳走路的動物

人類

自然數

1, 2, 3, 4, 5,

6, 7, ……

裕　君　小學曾經在整數的性質中學過文氏圖，將「同類」放入袋子裡的方法，十分易懂。

道　博士　這個袋子方式，最初是18世紀英國的邏輯學家歐拉使用「歐拉圖」表現邏輯關係，20世紀時則創立了『集合論』，當時數學家文使用這種圖表示整數的包含關係，因此稱為「文氏圖」。

裕　君　不過我很疑惑，「自然數的集合」是無限，怎麼可能完全封在有限的袋子裡呢？這不是很矛盾？

道　博士　哇！你提出來的問題很棒喔，我真是小看你這個神童，實在是有眼不識泰山。

那麼，你的想法如何呢？

裕　君　就像孫悟空逃不出如來佛的手掌心一樣，宇宙看似無限，其實有限，以數學為例，則是

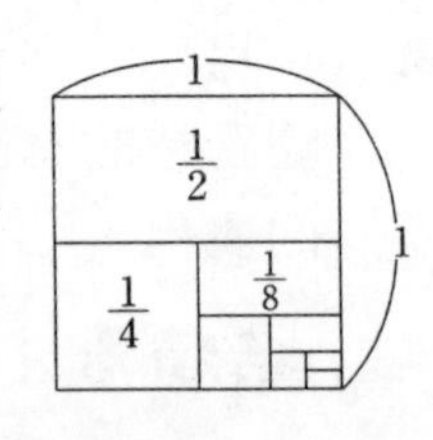

$$\frac{1}{2}+\frac{1}{4}+\frac{1}{8}+\frac{1}{16}+\cdots\cdots+\frac{1}{2^n}+\cdots\cdots$$

雖說無限，但是集合卻不超過1。用上面的文氏圖來解釋袋子能放入無限，這樣比較容易了解。

道　博士　太厲害，太厲害了，你真的是一位神童呢！

但「3＋5」的式子看起來像個大袋子，你的看法呢？

裕　　君　式子「3＋5」的袋子中可以有很多的內容。（右）

「3＋5」的內容

- 在公園裡，有 3 個小孩盪鞦韆，5 個小孩溜滑梯，總共有幾人？
- 母親買了 3 萬圓的洋裝和 5 萬圓的戒指，總共花了多少錢？
- 桶子裡原本 3ℓ 的水，再加入 5ℓ 的水，則桶子裡到底有幾 ℓ 的水？
- ……

道　博士　在社會上認為「大東西就是好的東西」或「大能兼小」等，但數學的世界則認為「大」是高度的抽象。

（帶有單位的數量）→（數）→（文字）

（例）5ℓ、5m、5人、5個……5　　　a

所以，大袋子是高度抽象的表現。

裕　　君　以抽象的方式較難了解大袋子，但習慣之後就能夠對應一切，相當方便。2001年9月11日美國紐約發生了史無前例的大事件。2架飛機衝撞世貿中心大樓，大樓倒塌，死亡人數超過4000人，這是古今中外罕見的大災難，要找出犯人並不容易。

道　博士　在找尋犯人時，並不是採用抽樣調查的方式，而必須利用文氏圖這種大袋子的想法來調查。

這時「數學的思考」就可以派上用場。

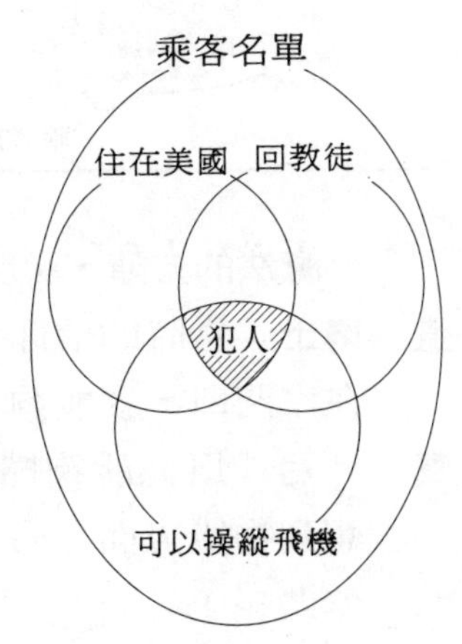

猜猜看！

(1)舉出式子「3＋5」的其他具體例。
(2)「大袋子」也能用來比喻抽象畫代表畢卡索、馬奇斯的畫，為什麼呢？

4 猜謎對社會有幫助！

4	9	2
3	5	7
8	1	6

三方陣

真　弓　我最近陷入『魔方陣（幻方）』中。使用1～9的三方陣為基本型只有1種，但是，如果加上0～8或只有偶數、只有奇數，那麼，就能動動腦筋享受遊戲之樂。

道　博士　也有四方陣、五方陣……，除了正方形之外，還有圓陣、星陣、立方體陣，甚至還發行這類的書呢！

真　弓　雖然是非常古老的遊戲，不過卻令人驚訝。

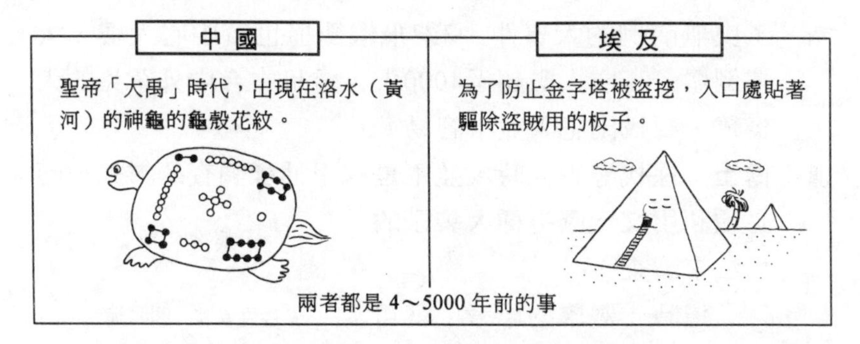

兩者都是4～5000年前的事

魔法的方陣、驅魔方陣、『魔方陣』的一致是巧合嗎？

道　博士　當時的信仰上認為這對社會有幫助。認為將其貼在家門口，就能夠「遠離不幸」。

真　弓　既然能夠撼動人心，當然是「有幫助」。而我只想到物質方面。廣義來說，這個猜謎遊戲對精神面也有幫助呢！

套圈圈(日本船)

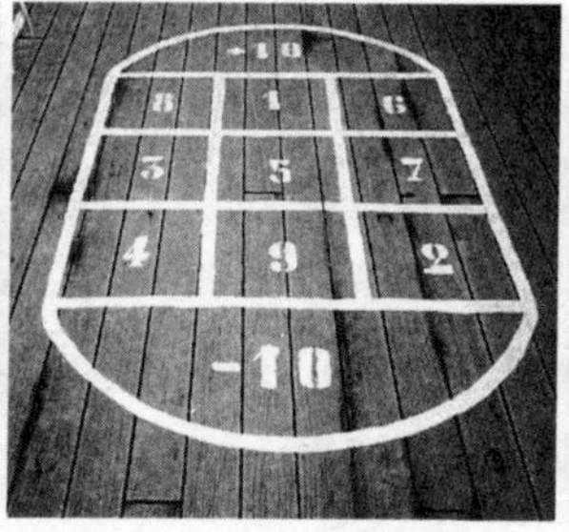

甲板遊戲（義大利船）

聖家族教會的壁面

道　博士　我曾經3次搭乘豪華郵輪觀光，船上為乘客準備了打發時間的各種「甲板遊戲」運動，其中也使用了『魔方陣』，令我非常吃驚。而更讓我驚訝的是，巴塞隆納著名的『聖家族教會』的北側壁面上也出現魔方陣。這就是「變則四方陣」，為高狄所創造。

真　　弓　20世紀的英國，用魔方陣來研究農業，後來發展成抽樣調查的構想。看來猜謎對社會的幫助很大呢！

道　博士　統計學家非夏按照方格紙狀區分廣大的農場，隨機播種數種「小麥種子」，一次就締造了幾年份的研究成果。這就是利用『魔方陣』隨機的公平性。

真　　弓　咦？隨機的公平性。真是有趣的構想。這個想法也可以利用在其他方面嗎？

道　博士　在人類社會中，大家都要求「公平」。因此，今後職場的人事安排、學校負責打掃的值日生、實驗的分子排列等，都將會廣泛應用這個構想。

猜猜看！

⑴高狄的魔方陣（右）是模仿16世紀德國版畫家都拉的魔方陣而完成的。請思考高狄魔方陣的特徵。

⑵西歐有『拉丁方格』的說法。請調查和『魔方陣』有何不同。

1	14	14	4
11	7	6	9
8	10	10	5
13	2	3	15

5 「流程作業」的有效使用法

道　博士　進入20世紀之後，物質大量生產，眾人流入大都市，同時使用車輛以及龐大的各種資訊等，其中的共通點是「適當而且迅速的流程」。

裕　　君　在社會以及數學世界，「流程」似乎都很重要。

道　博士　最近的數學在O.R.方面有

○窗口理論

○網路理論

○計畫評審法

等，都是解決「流程」問題的武器。稍後再補充說明。而數學也是流程問題。

基礎

○計算（算術）

○證明（邏輯）

○函數（連續變化）

○機率（大數的法則）

○統計（時間系列）

利用推理的發展

○類推　○歸納

裕　　君　我已經發現到了，證明或計算的解法順序的確是思考的流程。

而像類推或歸納等「推理」，也是發展推進數學的方法。

道　博士　請注意「有幫助」的一面。

「看完煙火要回去時，很多觀眾一起湧到陸橋，因而出現很多死傷者」，曾經發生這樣的意外事故。

此外，有5、6萬名觀眾

流程不良時，就會像「棋子一面倒」的情形一樣

聚集的棒球場、足球場等，比賽結束之後陷入一片混亂。為避免發生這種情況，應該要巧妙的運用「歸途的流程」。

你身邊有類似的例子嗎？

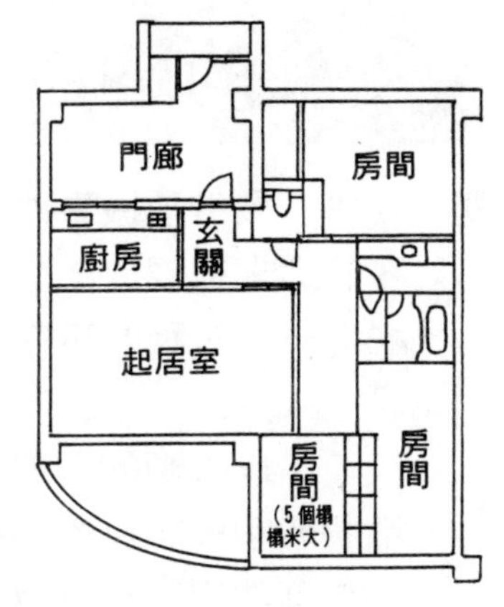

裕　君　就是「動線」問題。這個方法對超級市場的商品排列或家中家具的配置很有幫助。

道博士　這裡有一張住宅的格間圖，請你把5個榻榻米大的房間當成書房，從起床到睡覺為止，亦即

（起床）→（洗臉及其他）→（吃早餐）→（外出）→…→（回家）→（辦雜事、收拾）→（泡澡）→（吃晚餐）→（回到自己房間）

請填入動線或室內家具類等的配置。

裕　君　看起來很有趣，稍後我來試試看。

道博士　「流程」以效率為目標，因此，「流程作業」部門應該要重視大掃除、建築工程、大量生產、其他等問題。如：

「右邊的4箱物品，各有1人進行包裝流程作業，若想儘快交到顧客手中，則4項物品要按照何種順序包裝？」

種類＼部門	裝箱部門	包裝部門
鐵	3分	9分
竹	5分	5分
陶瓷	8分	4分
玻璃	12分	6分

(熟練者32分鐘，不熟練者40分鐘)

裕　君　一般來說，原先的條件當然很複雜。但如果有既定的原理，那麼，就可以利用電腦來處理了。

猜猜看！

⑴找尋建築現場的「作業工程表」。
⑵能迅速縮短上面裝箱、包裝作業時間的順序為何？

6 「出乎專家意料之外」的理由

真　弓　發生劫機事件時，當乘客們還未被釋放出來之前，電視上一些被稱為專家的人士會說：

「以人類的心理來說，恐怕狀態和疲勞已經到達極限，不趕緊救出，相當危險。」

然而，被救出的人卻經常面露微笑的接受採訪，令人驚訝。

道　博士　的確如此，何謂專家？很多人都感到懷疑。

我到埃及旅行歸國時，在軍民共用的機場，因為「軍隊要使用機場，所以被關在機艙內5小時」。從外面看來好像發生大事一樣，但機艙內卻是一片平靜。

猜中率50～60%

逆說的預料，只有一半「猜中」

出乎意料之外所發生的「意外事件」

（根據新聞報導）

真　弓　此外「一家4口滅門血案」，警察和專家說「犯人留下很多線索，馬上就可以破案」，然而過了一年卻依然沒有抓到犯人。

道　博士　另外，也發生過推測犯人是「身材高大的中年男子」，結果被逮捕的犯人卻是「個子矮小的中學生」的事件。

真　弓　「這算什麼專家」。當然，也有如原先預料的結果，但是「出乎意料之外」的情況卻是屢見不鮮。

道　博士　當專家的腦海中的某諸情報（知識）已經塞爆時，

由於是處於一種「常識的世界」，所以，無法對應這種超級的非常識狀態。

真　弓　以前看過的戰爭故事中，一些武將們的身邊總是擁有身經百戰的勇敢武士，此外，也有「頭腦聰明」的非專家，在戰略會議上，長官也會聽取這些非專家的意見。真有趣。

道　博士　採用「非專業人士」，這是非常著名的故事。

像第2次世界大戰末期，英國轟炸德國以及U艇對策，則是1940年8月由布拉凱特（後來諾貝爾物理學獎得主）所成立的『科學團隊』協助軍隊擬定作戰計畫。成員如右表所示。

『科學團隊』成員

布拉凱特	
數學家	2人
數學物理學家	3人
生物學家	3人
天文學家	各1人
物理學家	各1人
測量技師	各1人
陸軍軍人	各1人

真　弓　研究的是戰爭問題，怎麼裡面只有1人是軍人？

道　博士　以日本的情況為例，參謀總部決定所有的戰略、戰術，甚至還說「外行人不可以出口干涉」。

真　弓　他們是否擬定了博士經常說的『作戰計畫』（O.R.）呢？

道　博士　俗話說「當局者迷，旁觀者清」，O.R.則是藉此而完成的新數學。

真　弓　數學有所謂的「類推」、「歸納」的推理法，是預料、預測的手法，這是重要的思考吧？

道　博士　任何事情不光是基於知識、經驗，重視資料的態度也是不可或缺的。

猜猜看！

⑴何謂『當局者迷，旁觀者清』？
⑵在O. R. 中到底使用何種數學？

7 探索社會「奇蹟」的背後

裕　君　博士，世界上流傳許多令人難以置信的故事，現代的「狼少年」、「母女生活在地下十幾年」、「從棺材裡生還」、「能夠透視一切的透視人」等，在世界各地都發生一些難以用常理判斷的問題。

道博士　經由詳細調查之後，發現幾乎都是詐騙行為。

另一方面，世人都有期待「發生奇蹟」的心理，所以就有的人利用人類的這種心理為非作歹。

裕　君　「高中女生的口耳相傳，掀起旋風」，像這一類的報導時有所聞。某件事情或物品奇蹟式的掀起旋風，是否幕後有人策畫？

道博士　根據某廣告代理商的實驗調查（資訊傳播力）報告顯示，

○對商品抱持好感的高中女生將「假訊息」傳給隨機抽出的200名高中女生，讓她們去傳播。

○1個月後，隨便詢問200人，有46%的人回答「聽說過」。

○2個月後變成83%。

結果，雜誌和媒體也開始爭相報導，掀起旋風。

奧羽大學畢業考試

與國家考試一致多數

215個關鍵字中71個　25個問題中17個

學者統計「機率幾乎等於零」

一致度	
關鍵字	$\frac{71}{215} \doteqdot 33\%$
題目	$\frac{17}{25} \doteqdot 68\%$

裕　　君　年輕女性的傳播力確實是驚人。不論是美食、時裝、賽馬……都是如此。

道　博士　前頁的新聞標題也很驚人。傳播力的調查借助於「抽樣調查」的力量，而「絕無洩題」的調查，則是利用「機率的思考」。

裕　　君　根據前頁報紙標題來看，一致變為33%與68%，這難道會是「巧合」嗎？

道　博士　關於「尤里・格拉念力」的奇蹟，立命館大學的安齊育郎先生進行了有趣的統計分析。

裕　　君　尤里・格拉不就是從國外將念力送到日本，還說要「透過電視讓觀眾家裡的鐘停止的那個人嗎？」。我相信喔！

道　博士　安齊先生分析過這一點，結果是，

○收視率20%，總計4400萬戶中有880萬戶收看節目。

○各家庭平均有5個鐘，所以總共有4400萬個對象。

○電池的壽命平均為500天，若播放時間為2小時，則在這個時間帶內，因為電池沒電而停擺的鐘大約有7000個以上。

根據以上的計算，「有10%的人家裡的鐘『停止』而打電話到電視台」，因此大家都相信念力的存在。

裕　　君　喔，真是偉大的分析力。

利用數學加以說服，的確有所幫助。

猜猜看！

(1)「格魯吉亞的首都第比利斯，12名政治犯從監獄挖了35公尺長的隧道脫逃」，這是真實案例嗎？

(2)集科學之精華製造出來的高科技武器進行轟炸
①在阿富汗的命中機率達85%，②在巴格達則為70%
誤炸的原因何在？

8 二進位法在打孔卡上相當活躍

道 博士 妳聽說過關於飯店電子鎖的「打孔卡」嗎？

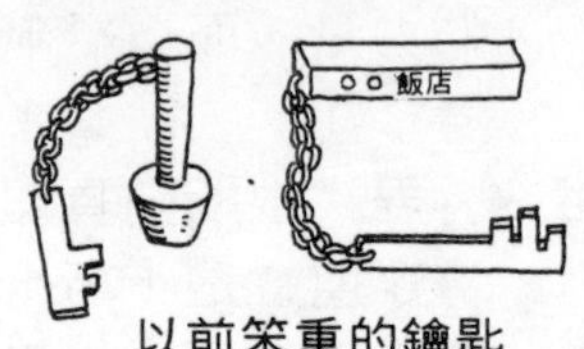

以前笨重的鑰匙

真 弓 唉呀，你又從飯店裡拿回來這個，真糟糕。

道 博士 我可是跟櫃檯說好之後才拿回來的。

真 弓 但是，下一位房客就沒有鑰匙可以進房間了。

道 博士 我用過很多種飯店鑰匙，較古老飯店的鑰匙都很重（右上圖），而新的飯店則多半採用打孔卡方式，因為每一次都會重做，所以可以自由的帶走。

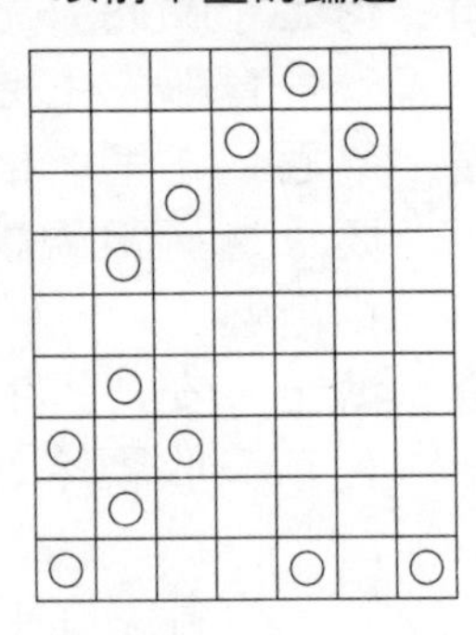
法蘭克福『皇后飯店』的鑰匙孔

真 弓 這個是『皇后飯店』的打孔卡，開了12個孔，格子是7×9＝63，那麼，開孔的種類到底有幾種？好像很多。

道 博士 接近無限種，所以，將打孔卡交給顧客，也能安心。為視障者所製作的「點字卡」，利用2×3的格子就能製造出日文50音。卡是開孔的，但右圖的點字則是突出的黑點。都是二進位法，亦即以「0和1」為基準。

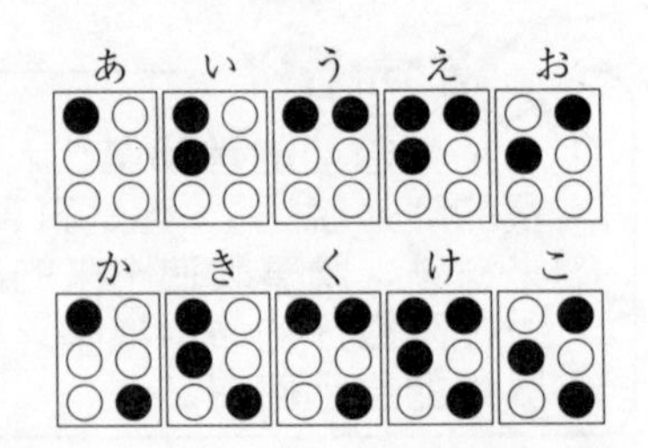

真 弓 電腦全都是利用二進位符號，個人電腦所處理的

十進位數	二進位數
1	1
2	10
3	11
4	100
5	101
6	110
7	111
8	1000
9	1001
10	1010
11	1011
12	1100
13	1101
14	1110
15	1111
16	10000
17	

訊息量其最小單位是「bit」，這是指1個二進位符號所代表的訊息量，二進位法、二進位符號、二進位數等，都是用「0和1」表示，所以是相同的東西。

道　博士　bit是二進位法時的位數。

256千bit就是指25萬6000位
百萬bit則是指100萬位
的確驚人，不過電流很快，所以能夠處理。

真　　弓　打孔卡對於製造各種「物品」都有幫助呢！

道　博士　例如，紡織品的花紋或自動音樂演奏機等，都會利用打孔卡，在各方面都能派上用場。

真　　弓　聽你這麼說，像公共澡堂的鞋櫃或飯店、銀行等傘架的鑰匙等，都會加以利用囉！

大考中心的考試也會利用打孔卡。

紡織品　　音樂

傘架

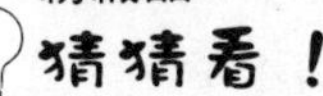

猜猜看！

(1)戰時有「莫爾斯密碼」，利用•—這2個記號進行通訊。請研究看看。

(2)十進位數的25用二進位數表示時，會變成何種情況？一旦變成這麼大的位數時，該如何改成簡便法來利用呢？

9 對於「審判的裁決」殘留疑問

裕　君　法院的判決應該是讓國民和社會絕對的信賴，以某種意義來說，應該是「判決不得爭論」。曾發生過「同一事件」經過一審（地方法院）、二審（高等法院）以及最高法院而出現不同判決的案例，這也算是「不安的社會」。

道博士　甚至「一審、二審判死刑，到最高法院裁決時卻獲判無罪」。

「審判」應該是最客觀、最公平的，這個形式與數學相同（右）。

不論古今中外、男女老幼，數學是大家想法一致的邏輯構成（下面的例子）。

都選管裁決取消
最高法院逆轉判決
「原因是保母的工作」

肩・膝慢性痛
最高法院 放棄二審，原案飭回

連鎖店菸酒執照
拒絕的理由不足
最高法院飭回判決

警車衝突事件
前公司職員獲判無罪
東京高等法院

痴呆老人活著時
遺言無效的控訴無用
最高法院裁決放棄二審

馬路色情狂事件
最高法院逆轉判無罪

〔審判〕		〔數學〕
定義	—	定義
憲法及其他	—	公理
判例	—	定理
事件	—	問題
判決	—	解答
論點	—	證明
補足	—	審訊

〔問〕 25+34 的答

〔說明〕	〔根據〕
$25+34$	
$=(20+5)+(30+4)$	展開記法
$=20+(5+30)+4$	結合律
$=20+(30+5)+4$	交換律
$=(20+30)+(5+4)$	結合律
$=(2+3)\times 10+(5+4)$	分配律
$=5\times 10+9$	加法九九
$=59$	省略記法

〔問〕利用線段AC上的1點B做成2個正三角形時
$AQ=PC$

〔證明〕$\triangle ABQ$與$\triangle PBC$中
$AB=PB$　(正三角形的2邊)
$QB=CB$　(　〃　　〃　)
$\angle ABQ=\angle PBC$ (共通角$\angle ABQ+60°$)
根據 2 邊夾角$\triangle ABQ=\triangle PBC$
所以 $AQ=PC$

審判也是一樣，不論哪一個法官，都應該要做出相同的結論，否則就太奇怪了。

裕　君　關於計算與證明方面，舉出了基於「根據」的法則或定理的例子（前頁），在推理上應該是「沒有絲毫令人懷疑的地方」。

但是審判的判決似乎無法達到這個標準。

道　博士　這和各法官的世界觀、人生觀以及對定義的看法、對憲法、判例的解釋，甚至對於時代進步的了解、斟酌的情況等都有密切的關係，所以，無法像數學一樣進行完全客觀的處理。

裕　君　的確如此。對犯人抱持好感的法官真的是「難能可貴的人」。

射殺抵抗的青年
前警察確定有罪
最高法院放棄上訴

道　博士　以警察開槍（右）為例來探討這個問題。「值勤務的警察開槍，射殺拿棒子抵抗的青年，導致青年死亡」。在一審時，廣島地方法院判決無罪（認為是正當的職務行為），但二審的廣島高等法院則判決有罪（認為可以採取其他的手段），而在最高法院裁決時卻放棄上訴。

裕　君　警察可能會認為「也許自己會被棒子打死」或「只是開槍嚇嚇青年，沒想到子彈卻擊中青年」等不算是「正當的防衛」，那也未免太奇怪了。反過來說，也許自己會被殺呢！

道　博士　「人審判人」將會成為永遠的課題，希望數學能夠發揮力量。

猜猜看！

⑴最近的「電腦審判」是什麼樣的案例呢？
⑵大樓居民委託管理公司保管管理費或修繕費等公積金，結果管理公司破產，則「這筆存款到底應該歸誰所有」的訴訟控訴結果為何？

10 現在、未來『最新數學』的知識！

真　弓　『數學』這個教科學問在社會上到底有何幫助？仔細思考這個問題，並且和博士交談之後，我認為『算術』在日常生活及社會生活中是不可或缺的。而『數學』則是更進一步的抽象化理念，「教科書數學和實際社會」似乎有很大的差距。

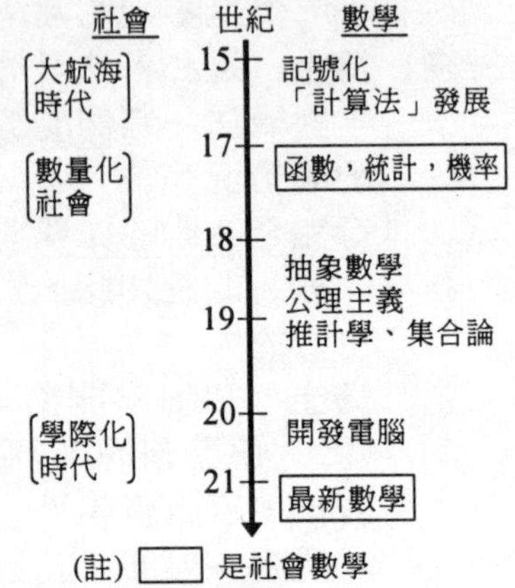

道　博士　為了應運社會需要而誕生的新數學內容，200～300年後才出現在學校。進展的確相當緩慢。

在此列舉近年數學發展的主要項目。

真　弓　這個系譜是近年的數學主流嗎？

道　博士　今天的『數學史』是以歐洲數學為主，可說是與歐洲社會關係密切的發達史。而中國、日本及其他國家的數學史都被忽略了。

真　弓　之前與博士的談話，整理如右表所示，近代數學幾乎都和社會有密切的關係。

社會事件	數學
○東羅馬帝國滅亡（大砲）	→函數論
○倫敦大傳染病 ○德國 30 年戰爭	→統計學
○義大利船員的賭博 ○法國貴族的撲克牌	→機率論
○倫敦大火	→保險學
○英國農事研究	→推計學

道　博士　妳記得很清楚呢！我將其命名為『社會數學』。

真　弓　20世紀中期開發的電腦

不斷的創立出新數學，擴大了『社會數學』的範圍。

道　博士　18世紀的「7個渡橋問題」發展為「一筆畫法」，誕生了『拓撲幾何學』，後來又稱為『拓撲學』。

從那時開始，數學又有了最新的表現，我將其稱為『最新數學』。

真　　弓　抽樣調查或算法等也包含在內。博士已經將其整理成表（170頁）。

道　博士　會發現「連這個也是『數學對象』，能夠利用數學解決嗎？」可能會打破以往自己對數學抱持的印象。

真　　弓　真是令人難以置信。

在學校我也稍微感受到這股氣息，因此，開始對數學感興趣……。

道　博士　誕生於第二次世界大戰的『作戰計畫』，因為有助於現實社會的和平，因此不斷的發展。相信未來還會誕生耐人尋味的數學。

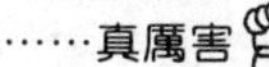

猜猜看！

⑴關於『悲慘的結局』成為拓撲學的對象，請以圖為例調查一下。

⑵以前，吸塵器、洗衣機、電子鍋、照相機、攝影機等家電製品導入了「微調」，在社會上掀起極大的話題。到底具有哪些特徵呢？

猜猜看！解答

1（147頁）

⑴無羽毛的雞因為怕冷，所以會吃更多的飼料，結果長得比較快。

⑵日本人口1億3000萬人，算起來應該是2人。

2（149頁）

⑴使用同樣的推理，則時間也會變成無限。

⑵可以用角來定義。這時等腰三角形具有「2邊相等」的性質，亦即需要證明。

3（151頁）

⑴A市到B市要花3小時，B市到C市要花5小時，那麼從A市到C市要花幾小時？

⑵看到如同照片般的「寫實畫」時，每個人的想法都相同，而「抽象畫」因人而異，想像空間大，各有不同。

4（153頁）

⑴都拉的內容如左下方所示，更換排列方式，○的數換成其他的數時，就變成高狄的內容。

（註）和的33是基督的死亡年齡

16	3	2	13
5	10	11	8
9	6	7	12
4	15	14	1

1	14	15	4
12	7	6	9
8	11	10	5
13	2	3	16

⑵拉丁方格是指歐洲式魔方陣，在25個正方形的格子中，放入相同數目的A～E，讓直、橫、斜的方向都不能夠排出相同的文字。

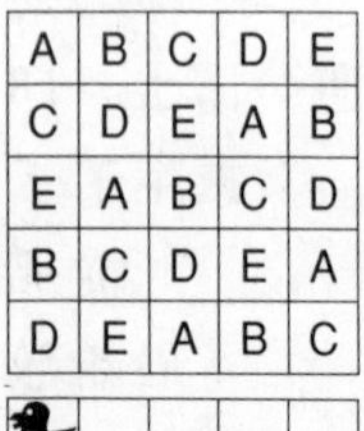

A	B	C	D	E
C	D	E	A	B
E	A	B	C	D
B	C	D	E	A
D	E	A	B	C

（參考）有加以應用的猜謎

（問）5×5的格子和5隻烏

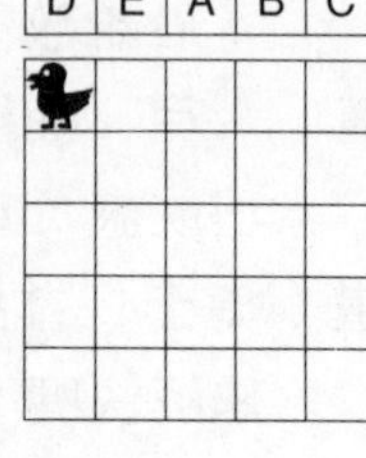

「農夫撒在田裡的種子被烏鴉吃掉，於是農夫用槍射烏鴉，聰明的烏鴉為了避免一發子彈打死2隻烏鴉（縱、橫、斜向沒有同伴），於是巧妙排列來吃種子。那麼5隻烏鴉要怎麼樣排列在右邊5×5的格子中比較好呢？」

5（155頁）

⑴大樓等大工程的建築現場，會豎立通知附近居民的揭示板（右）。（建築條件之一）

⑵按照下列的方法，最短在32分鐘內就能結束。（還有其他的方法）

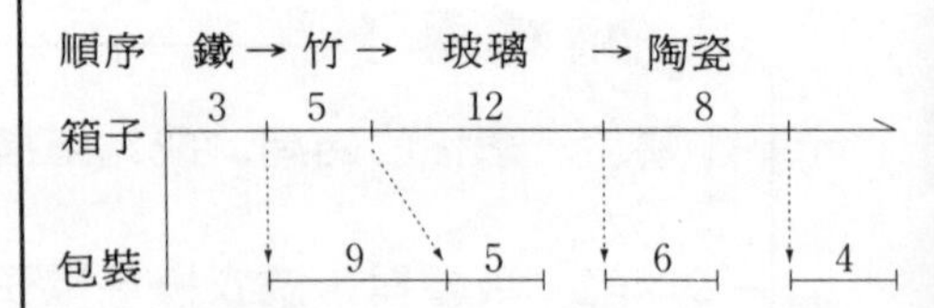

6（157頁）

⑴「看他人下棋的旁觀者比較冷靜，與當事人相比，更能

看清接下來的發展」。

(2)主要是利用電腦分析龐大資料的統計或機率。當然也會使用推計學。

7（159頁）

(1)這是最近實際發生的事件，因為犯人中有前司令官級的人物，因此總統深感不安，檢調當局甚至設立告發獎金，請求民眾協助。此外，還有來自外部的接應者。

(2)誤炸的原因如下。

①地圖老舊　②操作不當
③機器作動錯誤　④其他（有意的行為等）

8（161頁）

(1)用・－這2個記號來表示，所以稱為二進位法。例如

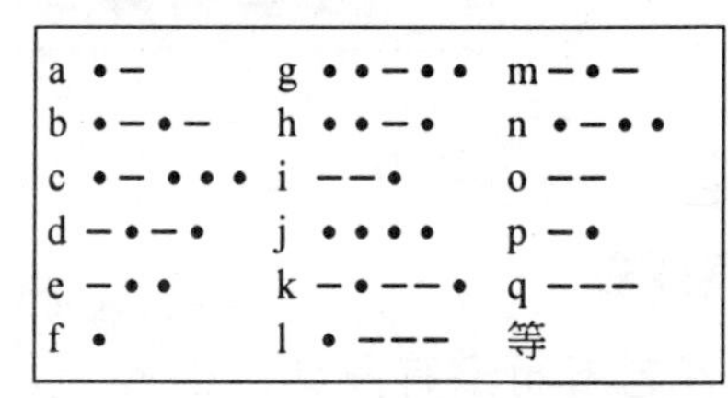

a •−	g ••−••	m−•−
b •−•−	h •••−	n •−••
c •−•••	i −−•	o −−
d −•−•	j ••••	p −•
e −••	k −•−−•	q −−−
f •	l •−−−	等

(2) 2) 25　　依序用2除，餘數寫在下方，因此答案是11001

2) 12…1
2) 6…0
2) 3…0
1…0

簡便法則是利用整理成3位數的八進位法等表示。

（例）101001110111100

用15位數表示，則在記錄上太長了。因此可利用以3位數為1組的八進位法取而代之。

(101, 001, 110, 111, 100)
↓　↓　↓　↓　↓
5　1　6　7　4

亦即51674。位數變成$\frac{1}{3}$。

9（163頁）

(1)法律相關者（法官、檢察官、律師等）、工學專家、數學家等年輕人形成的團體，以電腦記憶憲法、判例等過去的資料。對於某事件的審判，則輸入所有的訊息，利用機械來進行判決。目前這個方法仍在研究中。

(2)一審時認為「公基金應該屬於管理公司」，但是認定「管理公司是以管理組合（居民）使者的身分存款」，因此出現逆轉的判決。

公積金歸還居民
大樓管理公司破產
東京高等法院逆轉判決

10（165頁）

(1)以大家容易了解的男女戀愛為例。某位女性因為男子不熱情而不喜歡他（A），於是男子漸漸的表現熱情，但女子卻反而愈來愈討厭他（B）。不過在接受禮物及對方的甜言蜜語之後，兩個人還是步入結婚的悲慘結局（B_1）。

範例圖

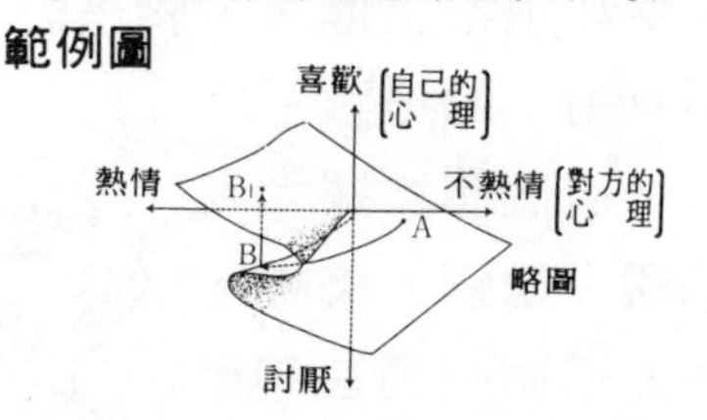

(2)電腦只有0或1，但可以花點工夫將電風扇的旋轉變成0.3（更慢）、0.8（稍快）等，取得中間的轉速。

「數學有幫助」
——不想成為「數學

1 「貼錢給你，你不要再來了」的傳說

典型的古希臘學問是『歐幾里得幾何』（原論），這是紀元前3世紀歐幾里得的名著。

有一天他的弟子問：「我這麼用功學習，到底有什麼好處呢？」他說：「你用功學習，難道一定要得到好處嗎？」後來就把錢給他，把他趕走了。

「數學有幫助」

1隻鮭魚
——英國的數學改良運動——

1901年，英國中學的數學內容老舊而沒有幫助，很多學生都跟不上進度，於是梅利教授提出「數學的學習一定要有用」的提議。

這個想法擴大到法國、德國、美國。不過這個運動在40年後才傳到了日本。

60年後

本書基於上面的兩種精神及思想，舉出身邊的例子，希望大家學習成功

的2大對決史

家」的人的數學——

2　秀才的落後故事

18、19世紀，學生都知道優秀的劍橋大學有座『驢子（笨蛋）橋』。這是因為難解的『歐幾里得幾何』第5定理使得很多學生從這兒往下跳。因為從這座橋跳下去的人都是笨蛋，所以稱為「驢子橋」。

的挑戰運動

來自人造地球衛星的震撼

——美國的數學教育現代化運動——

美國的人造衛星研究比俄羅斯落後，所以從1960年開始投入龐大的國家預算，大力改造從幼稚園到高中的數理教育。

導入「最新數學」，稱為「現代化運動」，各先進國家也爭相仿效。

現代最新數學

〇拓撲學　〇抽樣調查
〇計算　〇向量　〇模擬

⑴作戰計畫（O. R.）
主要內容如下。
線性規畫法（L. P.）
・幾種製品生產量的比例
・混合肥料的分配
・火腿、香腸等煉製品
・工廠、大樓的建設計畫 等
窗口理論（等待行列）
・棒球場或劇場的窗口數目
・車站等公用電話的數目
・巴士或火車的輛數
・交通信號的秒數
・大樓廁所或電梯的數目
・餐廳的桌數
・工廠內的工具數 等
遊戲理論
・圍棋、將棋、麻將的作戰
・各種運動的比賽運作
・競爭投標或拍賣
・壟斷，惜售（捨不得賣）
・生產與庫存的平衡
・同業公司的銷售戰（廣告等）
・公司等職員的健康管理
・鐵路公司更換鐵軌的期間 等
網路理論
・本店與分店，工廠與銷售店的通路
・自助店的商品排列
・房間家具等的配置
・電腦或人造衛星的配線 等
計畫評審法（程序鑑定與檢查）
・工廠的流程、作業的組織
・大樓建設等的作業日程計畫
・大掃除的工作順序 等

⑵悲慘的結局
不連續的事業、現象的相關研究
自然界……地震、火山爆發、閃電、雪崩、海嘯
生物界……昆蟲、魚、植物的異常發生，動物的團體暴動
人類界……爆發戰爭、股票大幅漲跌、社會團體的叛亂、朋友關係或戀愛男女之間的感情破裂以及離別、猝死等

⑶破片
解析不規則形的研究
自然界……海岸線、雲的形狀、河川的蛇行、雪的結晶、山脈、洪水頻率、太陽的黑點活動、自然界的雜音
生物界……樹木的影子、海草花紋、布朗運動的軌跡
人類界……建築物、繪畫、音樂等與美有關的事物等

⑷混沌
沒有週期性的振動相關研究
自然界……大氣的對流現象或亂流、地殼的變化、天體的動態
生物界……昆蟲等的動態、植物的發生與生長範圍
人類界……尾形光淋、葛飾北齋等繪畫中的河川流動或海浪
等

⑸微調（曖昧）
某個事象、現象兩極之間的研究
・各種家電製品・股票或證券的運用
・杜氏（酒）機能・地鐵等的運轉控制等

⑹神經電腦
接近人類腦神經細胞的電腦

結 語

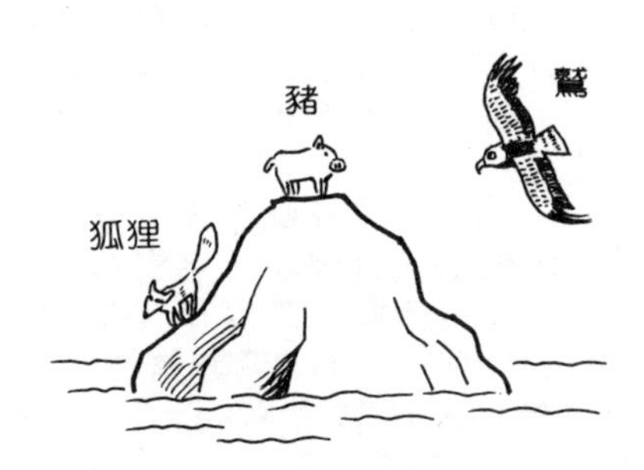

和平的孤島上發生改變

「豬來到島上，臭鼬就會增加」，這是「只要刮風桶店就會賺錢」的美國版。將豬放在加州海峽群島的孤島上時，

○小豬增加，為了吃小豬，鷲增加

○鷲吃掉了島上原有的狐狸，狐狸銳減

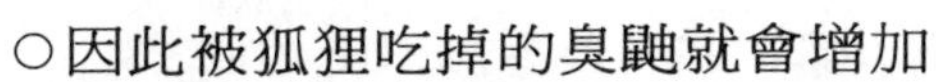
○因此被狐狸吃掉的臭鼬就會增加

分析變動要因，亦即所謂的「因果關係」。

這個分析可以運用「**數學的思考**」。

世界上無數疑問與難題的解答，利用數學手法或思考方式，非常有幫助。

本書與3部作品『疑問64』『神秘66』『發現67』都有密切的關係，最好一併閱讀，相信能提高大家對數學的興趣與數學的有用性。

市面上有很多數學啟蒙書籍，但是卻很少將焦點置於「有用性」上。然而，不擴大視野，就無法看到「有用性」。

今後無論遇到任何事情，都要養成充分發揮數學手法和思考方式的力量、態度、習慣。

作者介紹

仲田紀夫

1925年出生於日本東京。

畢業於東京高等師範學校數學科、東京教育大學教育學科。前東京大學教育學部附屬中學、高中教師，東京大學、筑波大學、電氣通信大學講師。

（前）埼玉大學教育學部教授、埼玉大學附屬中學校長。

（現任）『社會數學』學者、數學旅行作家。為「日本數學教育學會」名譽會員。

在「日本數學教育學會」雜誌（10年內）、學研「綠的同伴」、JTB資訊雜誌上連載旅行記。

參加NHK教育電視台「中學生的數學」（25年內）、NHK綜合電視台「任何問題都可以解答」（1年半）、「中午的禮物」（1週內）、文化廣播電台「數學乾杯」（半年內）的演出。

1988年到中國北京演講。1998年參加NHK『電台談話室』（5天內）的演出。

主要著書：『趣味機率』、『人類社會與數學』I、II、正、續『數學物語』、『數學陷阱』、『漫畫故事數學史』、『算術猜謎「出現的問題」』、『靈光乍現猜謎』上、下、『數學浪漫紀行』1～3、『數學的DoReMeFa』1～10、『數學的神秘』1～5、『趣味社會數學』1～5、『猜謎學習21世紀的常識數學』1～3、『難以啟齒的數學64個疑問』、『想要教導各位的數學66個神秘』、『數學尋根系列』全8卷等。

上記30多本書翻譯成韓文、中文、法文等。

興趣包括劍道（7段）、弓道（2段）、草月流花道（1級教師）、都山流簫道。

3. 上班女性的壓力症候群　池下育子著　200元
4. 漏尿、尿失禁　中田真木著　200元
5. 高齡生產　大鷹美子著　200元
6. 子宮癌　上坊敏子著　200元
7. 避孕　早乙女智子著　200元
8. 不孕症　中村春根著　200元
9. 生理痛與生理不順　堀口雅子著　200元
10. 更年期　野末悅子著　200元

・傳統民俗療法・品冠編號 63

1. 神奇刀療法　潘文雄著　200元
2. 神奇拍打療法　安在峰著　200元
3. 神奇拔罐療法　安在峰著　200元
4. 神奇艾灸療法　安在峰著　200元
5. 神奇貼敷療法　安在峰著　200元
6. 神奇薰洗療法　安在峰著　200元
7. 神奇耳穴療法　安在峰著　200元
8. 神奇指針療法　安在峰著　200元
9. 神奇藥酒療法　安在峰著　200元
10. 神奇藥茶療法　安在峰著　200元
11. 神奇推拿療法　張貴荷著　200元
12. 神奇止痛療法　漆 浩 著　200元
13. 神奇天然藥食物療法　李琳編著　200元

・常見病藥膳調養叢書・品冠編號 631

1. 脂肪肝四季飲食　蕭守貴著　200元
2. 高血壓四季飲食　秦玖剛著　200元
3. 慢性腎炎四季飲食　魏從強著　200元
4. 高脂血症四季飲食　薛輝著　200元
5. 慢性胃炎四季飲食　馬秉祥著　200元
6. 糖尿病四季飲食　王耀獻著　200元
7. 癌症四季飲食　李忠著　200元
8. 痛風四季飲食　魯焰主編　200元
9. 肝炎四季飲食　王虹等著　200元
10. 肥胖症四季飲食　李偉等著　200元
11. 膽囊炎、膽石症四季飲食　謝春娥著　200元

・彩色圖解保健・品冠編號 64

1. 瘦身　主婦之友社　300元
2. 腰痛　主婦之友社　300元
3. 肩膀痠痛　主婦之友社　300元

4. 腰、膝、腳的疼痛　主婦之友社　300 元
5. 壓力、精神疲勞　主婦之友社　300 元
6. 眼睛疲勞、視力減退　主婦之友社　300 元

・心 想 事 成・品冠編號 65

1. 魔法愛情點心　結城莫拉著　120 元
2. 可愛手工飾品　結城莫拉著　120 元
3. 可愛打扮 & 髮型　結城莫拉著　120 元
4. 撲克牌算命　結城莫拉著　120 元

・少 年 偵 探・品冠編號 66

1. 怪盜二十面相　（精）　江戶川亂步著　特價 189 元
2. 少年偵探團　（精）　江戶川亂步著　特價 189 元
3. 妖怪博士　（精）　江戶川亂步著　特價 189 元
4. 大金塊　（精）　江戶川亂步著　特價 230 元
5. 青銅魔人　（精）　江戶川亂步著　特價 230 元
6. 地底魔術王　（精）　江戶川亂步著　特價 230 元
7. 透明怪人　（精）　江戶川亂步著　特價 230 元
8. 怪人四十面相　（精）　江戶川亂步著　特價 230 元
9. 宇宙怪人　（精）　江戶川亂步著　特價 230 元
10. 恐怖的鐵塔王國　（精）　江戶川亂步著　特價 230 元
11. 灰色巨人　（精）　江戶川亂步著　特價 230 元
12. 海底魔術師　（精）　江戶川亂步著　特價 230 元
13. 黃金豹　（精）　江戶川亂步著　特價 230 元
14. 魔法博士　（精）　江戶川亂步著　特價 230 元
15. 馬戲怪人　（精）　江戶川亂步著　特價 230 元
16. 魔人銅鑼　（精）　江戶川亂步著　特價 230 元
17. 魔法人偶　（精）　江戶川亂步著　特價 230 元
18. 奇面城的秘密　（精）　江戶川亂步著　特價 230 元
19. 夜光人　（精）　江戶川亂步著　特價 230 元
20. 塔上的魔術師　（精）　江戶川亂步著　特價 230 元
21. 鐵人Q　（精）　江戶川亂步著　特價 230 元
22. 假面恐怖王　（精）　江戶川亂步著　特價 230 元
23. 電人M　（精）　江戶川亂步著　特價 230 元
24. 二十面相的詛咒　（精）　江戶川亂步著　特價 230 元
25. 飛天二十面相　（精）　江戶川亂步著　特價 230 元
26. 黃金怪獸　（精）　江戶川亂步著　特價 230 元

・武 術 特 輯・大展編號 10

1. 陳式太極拳入門　馮志強編著　180 元
2. 武式太極拳　郝少如編著　200 元

國家圖書館出版品預行編目資料

對人有助益的數學／仲田紀夫著；林庭語譯
－初版－臺北市，大展，民 94
面；21 公分－（休閒娛樂；35）
ISBN 957-468-386-9（平裝）
1. 數學－通俗作品
310 94006291

IGAI NI YAKUDATSU SUUGAKU 67 NO HAKKEN

Originally published in Japan in 2002 by REIMEISHOBO CO., LTD.
Chinese translation rights arranged through TOHAN CORPORATION,
Tokyo, and Keio Cultural Enterprise Co., LTD., Taipei.

版權仲介／京王文化事業有限公司

〔休閒娛樂：35〕

對人有助益的數學

ISBN 957-468-386-9

著 作 者／仲 田 紀 夫
譯　　者／林　庭　語
發 行 人／蔡　森　明
出 版 者／大展出版社有限公司
社　　址／台北市北投區（石牌）致遠一路 2 段 12 巷 1 號
電　　話／(02) 28236031・28236033
傳　　真／(02) 28272069
郵政劃撥／01669551
登 記 證／局版臺業字第 2171 號
網　　址／www.dah-jaan.com.tw
E-mail／service@dah-jaan.com.tw
承 印 者／高星印刷品行
裝　　訂／建鑫印刷裝訂有限公司
排 版 者／千兵企業有限公司
初版1刷／2005 年（民 94 年）　7 月

定　價／180 元

大展好書　好書大展

品嘗好書　冠群可期